建筑业农民工业余学校培训教材

钢 筋 工

建设部人事教育司组织编写

中国建筑工业出版社

图书在版编目(CIP)数据

钢筋工/建设部人事教育司组织编写. —北京:中国建筑
工业出版社,2007

(建筑业农民工业余学校培训教材)

ISBN 978-7-112-09645-9

Ⅰ.钢… Ⅱ.建… Ⅲ.建筑工程-钢筋-工程施工-技
术培训-教材 Ⅳ.TU755.3

中国版本图书馆 CIP 数据核字(2007)第 159543 号

建筑业农民工业余学校培训教材

钢 筋 工

建设部人事教育司组织编写

*

中国建筑工业出版社出版、发行(北京西郊百万庄)

各地新华书店、建筑书店经销

北京天成排版公司制版

北京京华铭诚工贸有限公司印刷

*

开本:787×1092毫米 1/32 印张:3 字数:65千字

2007年11月第一版 2019年3月第十一次印刷

定价:**10.00**元

ISBN 978-7-112-09645-9

(26491)

本书是依据国家有关现行标准规范并紧密结合建筑业农民工相关工种培训的实际需要编写的，主要内容包括：钢筋工基本知识、钢筋的配料与加工、钢筋的绑扎与安装、钢筋的机械连接、钢筋工程施工质量验收标准和钢筋工程安全操作知识等六部分。

本书可作为建筑业农民工业余学校的培训教材，也可作为建筑业工人的自学读本。

*　　　*　　　*

责任编辑：朱首明　李　明
责任设计：赵明霞
责任校对：李美娜

建筑业农民工业余学校培训教材
审定委员会

4

建筑业农民工业余学校培训教材
编写委员会

主　　编： 孟学军

副主编： 龚一龙　朱首明

编　　委：（按姓氏笔画排序）

马岩辉	王立增	王海兵	牛　松
方启文	艾伟杰	白文山	冯志军
伍　件	庄荣生	刘广文	刘凤群
刘善斌	刘黔云	齐玉婷	阮祥利
孙旭升	李　伟	李　明	李　波
李小燕	李唯谊	李福慎	杨　勤
杨景学	杨漫欣	吴　燕	吴晓军
余子华	张莉英	张宏英	张晓艳
张隆兴	陈葶葶	林火桥	尚力辉
金英哲	周　勇	赵芸平	郝建颐
柳　力	柳　锋	原晓斌	黄　威
黄水梁	黄永梅	黄晨光	崔　勇
隋永舰	路　明	路晓村	阚咏梅

序　言

  农民工是我国产业工人的重要组成部分，对我国现代化建设作出了重大贡献。党中央、国务院十分重视农民工工作，要求切实维护进城务工农民的合法权益。为构建一个服务农民工朋友的平台，建设部、中央文明办、教育部、全国总工会、共青团中央印发了《关于在建筑工地创建农民工业余学校的通知》，要求在建筑工地创办农民工业余学校。为配合这项工作的开展，建设部委托中国建筑工程总公司、中国建筑工业出版社编制出版了这套《建筑业农民工业余学校培训教材》。教材共有12册，每册均配有一张光盘，包括《建筑业农民工务工常识》、《砌筑工》、《钢筋工》、《抹灰工》、《架子工》、《木工》、《防水工》、《油漆工》、《焊工》、《混凝土工》、《建筑电工》、《中小型建筑机械操作工》。

  这套教材是专为建筑业农民工朋友"量身定制"的。培训内容以建设部颁发的《职业技能标准》、《职业技能岗位鉴定规范》为基本依据，以满足中级工培训要求为主，兼顾少量初级工、高级工培训要求。教材充分吸收现代新材料、新技术、新工艺的应用知识，内容直观、新颖、实用，重点涵盖了岗位知识、质量安全、文明生产、权益保护等方面的基本知识和技能。

  希望广大建筑业农民工朋友，积极参加农民工业余学校的培训活动，增强安全生产意识，掌握安全生产技术；认真学习，刻苦训练，努力提高技能水平；学习法律法规，知法、懂法、守法，依法维护自身权益。农民工中的党员、团员同志，要在学习的同时，积极参加基层党、团组织活动，发挥党员和团员的模范带头作用。

愿这套教材成为农民工朋友工作和生活的"良师益友"。

建设部副部长：黄卫

2007 年 11 月 5 日

前　言

　　本书为建筑业农民工业余学校培训教材之一，它结合当前建筑业农民工培训的实际需要，在编撰过程中，力求使培训教材按照实用性、针对性和注重岗位技能培训的原则进行编写，适合建筑行业工人自学及农民工业余学校的培训使用。

　　本教材依据《建筑工程施工质量验收统一标准》（GB 50300—2014)和《混凝土结构工程施工质量验收规范》（GB 50204—2015)及其他有关国家现行的规范、标准和规程进行编写。其内容主要包括钢筋工基本知识、钢筋的配料与加工、钢筋的绑扎与安装、钢筋的机械连接、钢筋工程施工质量验收标准和钢筋工程安全操作知识等几个方面。

　　本教材由李波主编，齐玉婷参编，白文山、陈葶葶二位老师审阅了全书，并为本书提出了宝贵的修改意见，特此致谢。教材编写时还参阅了多种相关培训教材，在参考文献中一并列出，对这些教材的编者，在此一并表示感谢。

　　本书虽几经修改，但限于作者专业水平和实践经验，书中不当之处乃至错误之处在所难免，敬请各位读者批评指正。

目　录

一、钢筋工基本知识

建筑工程施工图是用投影的方法来表达建筑物的外形轮廓和大小尺寸，按照国家工程建设标准有关规定绘制图样。它能准确表达出房屋的建筑、结构和设备等设计内容和技术要求，是现代工程建设生产活动中不可缺少的技术文件，也是借以表达和交流技术思想的重要工具。因此，工程图样被喻为"工程界的语言"。从事工程建设的施工技术人员的首要任务是要掌握这门"语言"，具备看懂工程图纸的能力。

一套完整的施工图除了图样目录、设计总说明书外，还应包括建筑施工图（简称"建施图"），主要表示房屋的建筑设计内容；结构施工图（简称"结施图"），主要表示房屋的结构设计内容；设备施工图（简称"设施图"），包括给水排水、采暖通风、电气照明等各工种施工图三大类。各类专业图样又分为基本图和详图两部分，基本图样表明全局性的内容，详图表明某一构件或某一局部的详细尺寸和做法等。

（一）结构施工图的识读

结构施工图是表示房屋的各承重构件（如基础、梁、板、柱）等的布置、形状、大小、材料、构造及相互关系。结构施工图是建筑施工的技术依据。结构施工图一般包括结构平面布置图（如基础平面图、楼层平面图、屋顶结构平面图）、结构构件详图(梁、板、柱及基础结构详图)及结构设计说明书。

1. 基础图

基础图包括基础平面图和基础详图。基础平面图只表明基础的平面布置,而基础详图是基础的垂直断面图(剖面图),如图 1-1 所示,用来表明基础的细部形状、大小、材料、构造及埋置深度等。

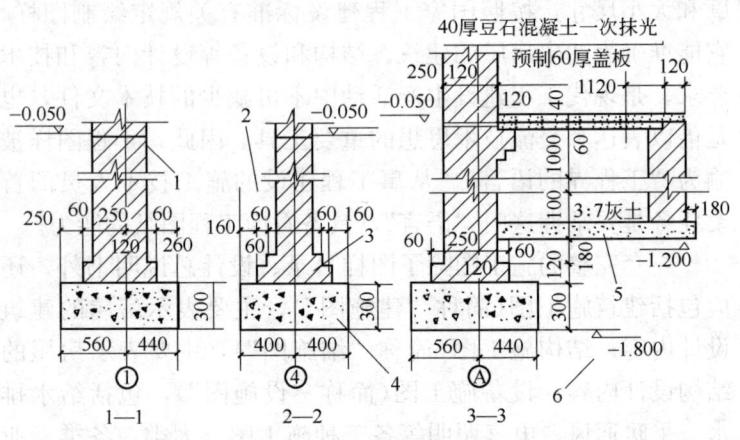

图 1-1　条形基础剖面图

1—防潮层;2—大放脚;3—大放脚;4—混凝土垫层;

5—灰土;6—基础埋深标高

阅读基础平面图应注意了解以下内容:

1)轴线编号、尺寸,它必须与建筑平面图完全一致。

2)了解基础轮廓线尺寸与轴线的关系。当为独立基础时,应注意基础和基础梁的编号。

3)了解预留沟槽、孔洞的位置及尺寸。有设备基础时,还应了解其位置、尺寸。

通过了解剖切线的位置。掌握基础变化的连续性。

阅读基础详图时应注意了解的基本内容：

1）基础的具体尺寸（即断面尺寸）、构造做法和所用的材料。

2）基底标高、垫层的做法、防潮层的位置及做法。

3）预留沟槽、孔洞的标高、断面尺寸及位置等。

结构设计说明书应说明主要设计依据，如地基承载力、地震设防烈度、构造柱和圈梁的设计变化、材料的标号、预制构件统计表及施工要求等。

2. 楼层结构平面布置图及剖面图

楼层结构的类型很多，一般常见的分为预制楼层、现浇楼层以及现浇和预制各占一部分的楼层。

（1）预制楼层结构平面布置图和剖面图

主要是为安装预制梁、板用。其内容一般包括结构平面布置图、剖面图、构件用量等。阅读时应与建筑平面图及墙身剖面图配合阅读，如图1-2所示。

预制楼层结构平面图主要表示楼层各种预制构件的名称、编号、相对位置、定位尺寸及其与墙体的关系等。如图1-2中虚线为不可见的构件墙或梁的轮廓线，此房屋为砖墙承重、钢筋混凝土梁板的混合结构，除楼梯间外，各房间的板均为预制空心板，从图中可知板的类型、尺寸及数量。所用楼板为三种，分别为 YB54·1，YB33·1，CB33·（1），数量如图所示，代号为甲的房间所用楼板为 4YB33·1。二、三层楼板的结构标高为 3.350m 和 6.650m。另外，给出的 1—1，2—2，3—3 剖面图表明了梁、板、墙、圈梁之间的关系。

（2）现浇楼层结构平面布置图及剖面图

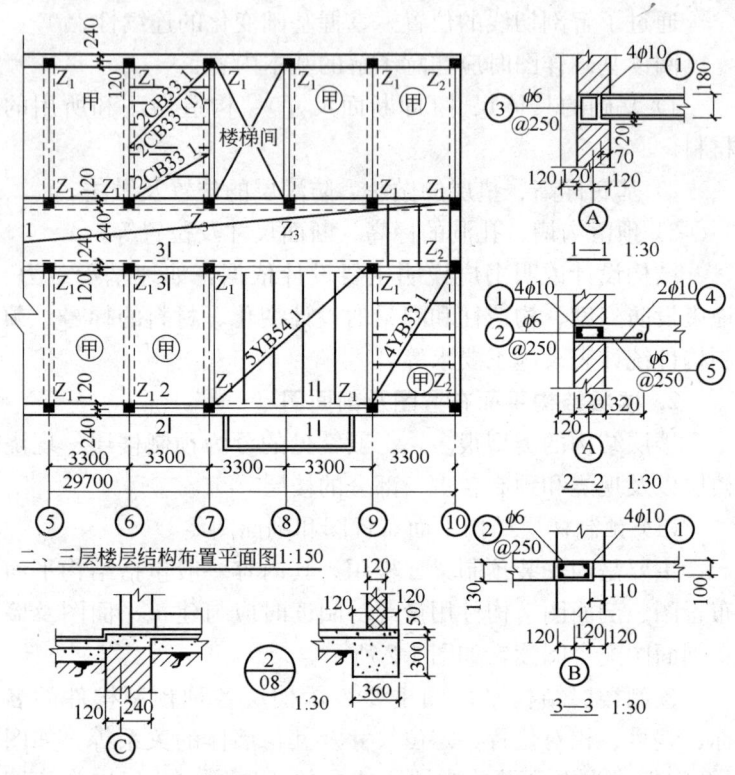

图 1-2　预制楼层结构平面图和剖面图

　　主要为现场支模板，浇筑混凝土制作梁板等用。其内容包括平面布置、剖面、钢筋表等。阅读图样时同样应与相应的建筑平面图及墙身剖面图配合阅读。

　　现浇楼层结构平面图主要标注轴线号、轴线尺寸、梁的位置和编号、板的厚度和标高及配筋情况。图 1-3 所示，现浇板的上皮标高为 3.720m，主筋为双向布置 $\phi8@125$，构造分布筋如图 1-3 所示为 $\phi8@200$。

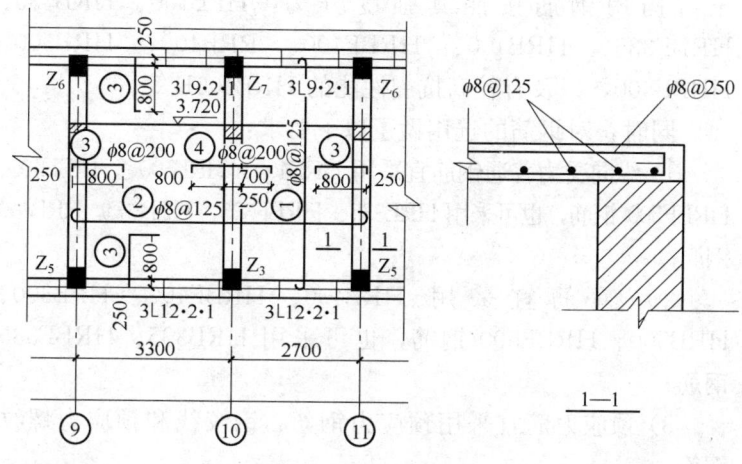

图 1-3　现浇楼层结构平面图

（二）钢筋的分类

建筑用钢筋，要求具有较高的强度，良好的塑性，并便于加工和焊接。钢筋混凝土结构所用的钢筋种类很多，通常有以下几种分类方法：

1. 按其生产工艺分类

建筑工程所用钢筋种类，按其加工工艺分为：热轧钢筋、冷拉钢筋、热处理钢筋、冷轧带肋钢筋、冷轧扭钢筋、钢丝及钢绞线等。常用的钢丝有碳素钢丝、刻痕钢丝、冷拔低碳钢丝三类，而冷拔低碳钢丝又分为甲级和乙级，一般皆卷成圆盘。钢绞线一般由 7 根圆钢丝捻成，钢丝为高强钢丝。

2. 按钢筋强度分类

现行《混凝土结构设计规范》GB 50010—2010 对混凝

土结构用钢筋按照其强度分为：HPB300、HRB335、HRBF335、HRB400、HRBF400、RRB400、HRB500、HRBF500，以及有较高抗震性能的 HRB400E 等。

同时，对钢筋的选用做了以下要求：

1）纵向受力普通钢筋宜采用 HRB400、HRB500、HRBF400、HRBF500 钢筋，也可采用 HRB335、HRBF335、HPB300、RRB400 钢筋；

2）箍筋宜采用 HRB400、HRBF400、HPB300、HRB500、HRBF500 钢筋，也可采用 HRB335、HRBF335 钢筋；

3）预应力筋宜采用预应力钢丝、钢绞线和预应力螺纹钢筋。

注：RRB400 钢筋不宜用作重要部位的受力钢筋，不应用于直接承受疲劳荷载的构件。

3. 按钢筋在构件中的作用分类（图 1-4）

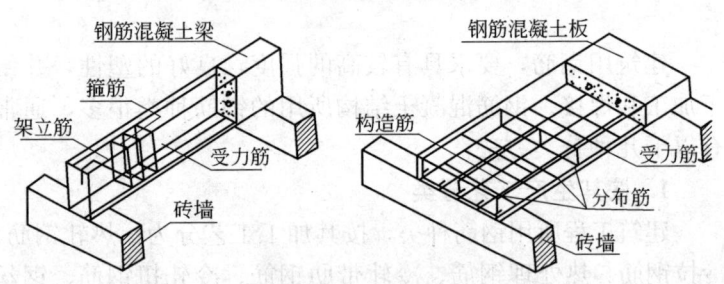

图 1-4 钢筋分类
(a)钢筋混凝土梁；(b)钢筋混凝土板

按钢筋在构件中的作用，一般可分为受力钢筋和构造钢筋。

1）受力钢筋：是指在外部荷载作用下，通过计算得出的构件所需配置的钢筋，包括受拉钢筋、受压钢筋、弯起钢筋等。

2）构造钢筋：因构件的构造要求和施工安装需要配置的钢筋，如架立筋、分布筋、箍筋等都属于构造钢筋。

（三）钢筋图示方法及尺寸标注

1. 图示方法

为了突出表示钢筋的配置情况，在构件结构图中，把钢筋画成粗实线，构件的外形轮廓线画成细实线，在构件的断面图中，钢筋的截面则画成粗圆点。另外还要标注钢筋的编号，同类型的钢筋可采用同一钢筋编号。编号的方法是在该钢筋上画一条引出线，在其另一端画一直径为 6mm 细线圆圈，在圆圈内写上钢筋的编号。然后在引出线的水平部分上标注钢筋的尺寸(图 1-5)。表 1-1 列出了钢筋的画法。

钢筋的画法   表 1-1

序号	说　　明	图　　例
1	在结构平面图中配置双层钢筋时，底层钢筋的弯钩应向上或向左，顶层钢筋的弯钩则向下或向右	(底层)　　　(顶层)
2	钢筋混凝土墙体配双层钢筋时，在配筋立面图中，远面钢筋的弯钩应向上或向左，而近面钢筋的弯钩向下或向右 （JM近面；YM远面）	
3	若在断面图中不能表达清楚的钢筋布置，应在断面图外增加钢筋大样图(如：钢筋混凝土墙、楼梯等)	

序号	说　　　明	图　　　例
4	图中所表示的箍筋、环筋等若布置复杂时，可加画钢筋大样及说明	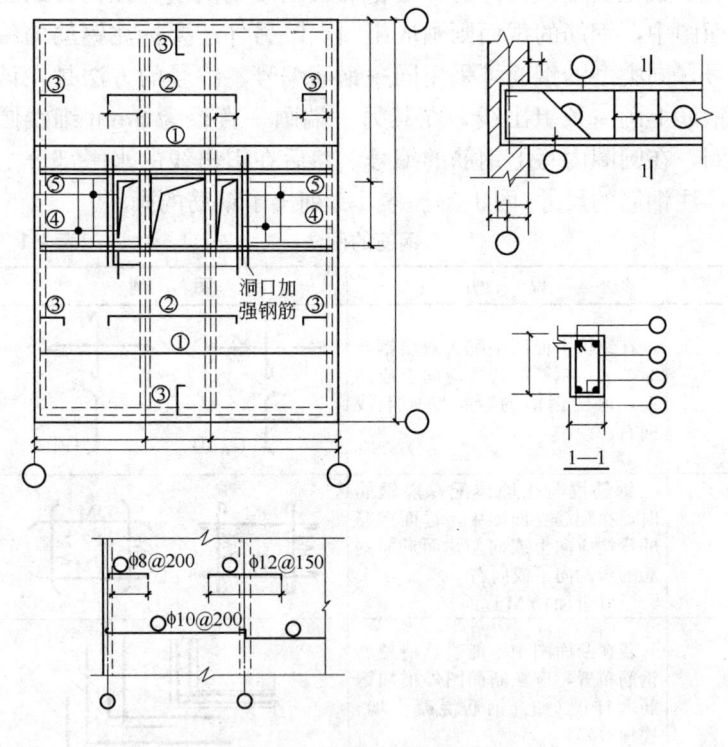
5	每组相同的钢筋、箍筋或环筋，可用一根粗实线表示，同时用一两端带斜短划线的横穿细线，表示其余钢筋及起止范围	

图 1-5　钢筋的图示方法

2. 尺寸标注

钢筋的直径、数量或相邻钢筋中心距一般采用引出线方式标注，其尺寸标注有下面两种形式：

1）标注钢筋的根数和直径，如梁内受力筋和架立筋。

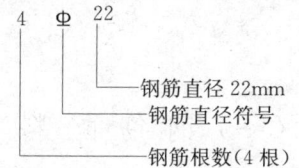

2）标注钢筋的直径和相邻钢筋中心距，如梁内箍筋和板内钢筋。

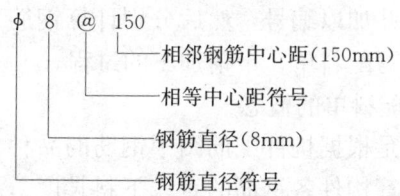

钢筋简图中的尺寸，受力筋的尺寸按外皮尺寸标注，箍筋的尺寸按内包尺寸标注，如图 1-6 所示。

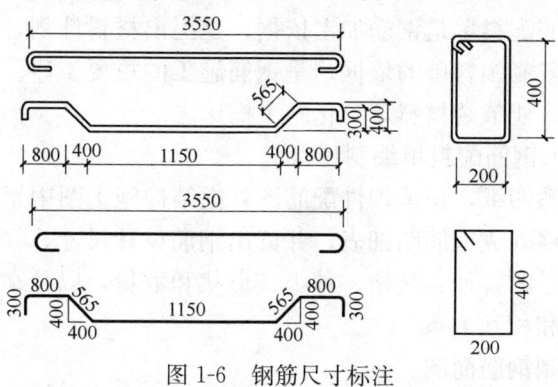

图 1-6　钢筋尺寸标注

二、钢筋的配料与加工

（一）钢 筋 配 料

1. 钢筋配料单

钢筋配料是根据结构施工图，先绘出各种形状和规格的单根钢筋简图并加以编号，然后分别计算钢筋下料长度、根数及质量，填写配料单，申请加工的过程。

（1）钢筋配料单的概念

钢筋配料是根据构件配筋图中钢筋的品种、规格及外形尺寸、数量计算构件各钢筋的直线下料长度、总根数及钢筋总质量，然后编制钢筋配料单。

（2）钢筋配料单的作用

钢筋配料单是钢筋加工依据；是提出材料计划，签发任务单和限额领料单的依据；是钢筋施工的重要工序。合理的配料单，能节约材料，简化施工操作。

（3）钢筋配料单编制步骤

熟悉图纸，识读构件配筋图，把结构施工图中钢筋的品种、规格列成钢筋明细表，并读出钢筋设计尺寸，弄清每一钢筋编号的直径、规格、种类、形状和数量，以及在构件中的位置和相互关系。

绘制钢筋简图。

计算每种规格钢筋的下料长度。

根据钢筋下料长度填写和编写钢筋配料单，汇总编制钢筋配料单。在配料单中，要反映出工程名称，钢筋编号，钢筋直径、数量、钢筋简图和尺寸，下料长度等。

填写钢筋料牌。依据钢筋配料单，将每一编号的钢筋分别制作一块料牌，作为钢筋加工的依据，见图 2-1 所示。

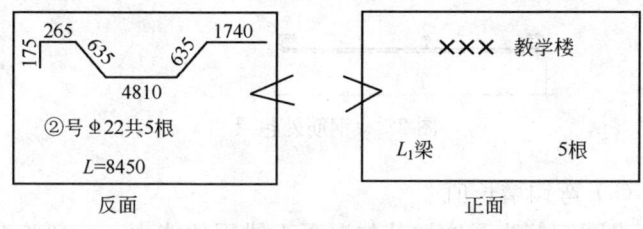

图 2-1　钢筋料牌

2. 钢筋下料

为使钢筋满足设计要求的形状和尺寸，需要对钢筋进行弯折，而弯折后钢筋各段的长度总和并不等于其在直线状态下的长度，所以就需要对钢筋的剪切下料长度加以计算。各种钢筋的下料长度可按下式进行计算：

钢筋下料长度 L ＝外包尺寸＋钢筋末端弯钩或弯折增长值－钢筋中间部位弯折的量度差值

（1）钢筋下料长度 L

钢筋在直线状态下剪切下料，剪切前量得的直线状态下长度，称之为下料长度 L。

（2）外包尺寸

结构施工图中所指钢筋长度是钢筋外缘之间的长度，即外包尺寸，这是施工中量度钢筋长度的基本依据。如图 2-2 所示，对应的外包尺寸分别为：① $L_1＝l_1＋l_2＋l_3＋l_4＋l_5$，

②$L_2 = l$, ③$L_3 = 2(b+h)$。

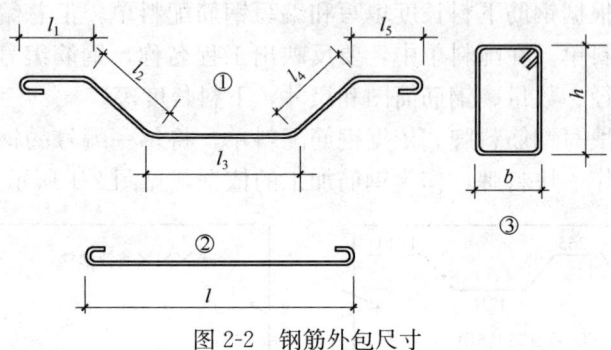

图 2-2　钢筋外包尺寸

（3）弯钩增长值

光圆钢筋为了增加其与混凝土锚固的能力，一般将其两端做成180°弯钩。因其韧性较好，圆弧弯曲直径(D)应大于或等于钢筋直径(d)的2.5倍，平直段部分长度不小于钢筋直径的3倍；用于轻骨料混凝土结构时，其弯曲直径(D)不应小于钢筋直径的3.5倍。带肋钢筋一般不做弯钩，只是为了满足锚固长度的要求，末端常做90°或135°弯折，弯钩增长值的计算简图如图2-3所示，其计算值为：180°弯钩为6.25d，90°弯折为3.5d，135°弯折为4.9d。

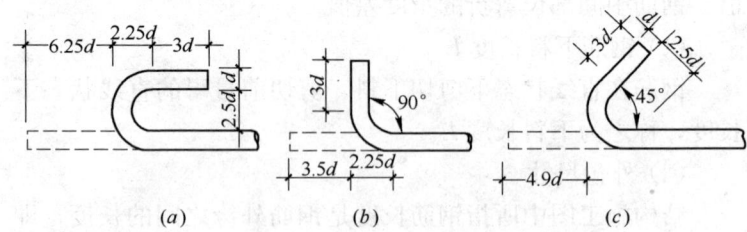

图 2-3　钢筋弯钩计算简图

(a)180°弯钩；(b)90°弯折；(c)135°弯折

值得注意的是：以上各弯钩（弯折）增长值的计算规定中，均已包含弯钩本身的量度差值，按上述规则计算钢筋下料长度时，末端弯钩不必再考虑弯折量度差值。

（4）钢筋中间部位弯折处的量度差值

钢筋弯折后，外边缘伸长，内边缘缩短，而中心线既不伸长也不缩短。但钢筋长度的度量方法是指外包尺寸，因此钢筋弯曲后，存在一个量度差值，计算下料长度时必须加以扣除。否则势必形成下料太长，或浪费甚至返工。

钢筋弯曲量度差值列于表 2-1 中。

钢筋弯曲量度差值　　　　　　　　　表 2-1

钢筋弯曲角度	30°	45°	60°	90°	135°
钢筋弯曲量度差值	0.35d	0.5d	0.85d	2d	2.5d

（5）箍筋弯钩增长值

箍筋、拉筋的末端应按设计要求作弯钩，并应符合下列规定：

1）对一般结构构件，箍筋弯钩的弯折角度不应小于90°，弯折后平直段长度不应小于箍筋直径的 5 倍；对有抗震设防要求或设计有专门要求的结构构件，箍筋弯钩的弯折角度不应小于 135°，弯折后平直段长度不应小于箍筋直径的 10 倍；

2）圆形箍筋的搭接长度不应小于其受拉锚固长度，且两末端弯钩的弯折角度不应小于 135°，弯折后平直段长度对一般结构构件不应小于箍筋直径的 5 倍，对有抗震设防要求的结构构件不应小于箍筋直径的 10 倍；

3）梁、柱复合箍筋中的单肢箍筋两端弯钩的弯折角度均不应小于 135°，弯折后平直段长度应符合本条第 1 款对箍筋的有关规定。

【例 2-1】 某建筑物一层共 10 根 L_1 梁，如图 2-4 所示。绘制 L_1 梁钢筋配料单。

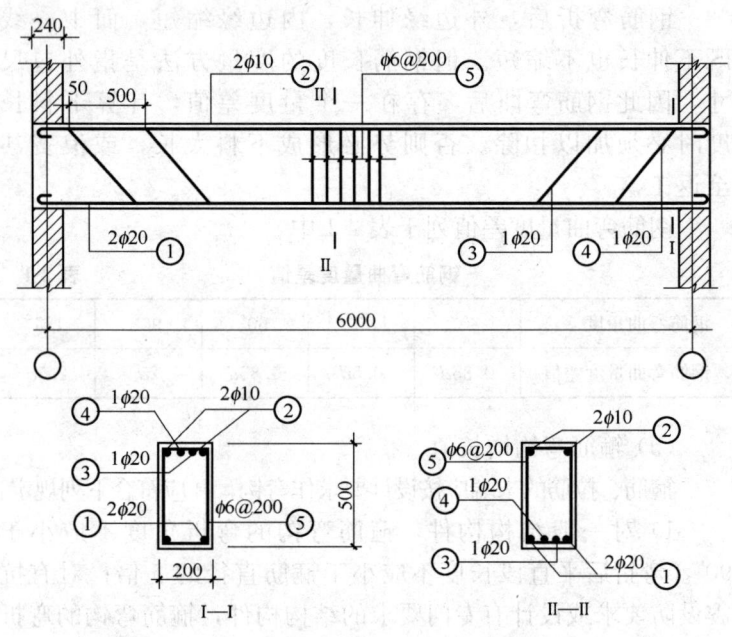

图 2-4 L_1 梁配筋图

[解]

1）①号钢筋（混凝土保护层厚取 25mm）

钢筋外包尺寸：$6240-2\times10=6220$mm（钢筋端部混凝土保护层取 10mm）。

下料长度 $L=6220+2\times6.25d_0=6220+2\times6.25\times$

$20=6470$mm。

2）②号钢筋

外包尺寸同①号钢筋 6220mm。下料长度 $L=6220+2\times6.25\times10=6345$mm。

3）③号钢筋

外包尺寸分段计算：

端部平直段长：$240+50+500-10=780$mm；

斜段长：$(500-2\times25)\times1.414=636$mm；

中间直段长：$6220-2\times(780+450)=3760$mm；

③号钢筋下料长度 $L=$ 外包尺寸＋两端弯钩增长值－中部弯折量度值

$=2\times(780+636)+3760+2\times6.25d_0-4\times0.5d_0$

$=6592+2\times6.25\times20-4\times0.5\times20$

$=6592+250-40=6802$mm。

4）④号钢筋

外包尺寸分段计算：

端部平直段长度：$240+50-10=280$mm

斜段长度同③号钢筋 636mm

中间直段长：$6220-2\times(280+450)=4760$mm

④号钢筋下料长度 $L=2\times(280+636)+4760+2\times6.25\times20-4\times0.5\times20=6592+250-40=6802$mm。

5）⑤号箍筋

外包尺寸：

宽度：$200-2\times25+2\times6=162$mm；

高度：$500-2\times25+2\times6=462$mm；

弯钩增长值：50mm。

⑤号钢筋两个弯钩的增长值为 $2\times50=100$mm。

⑤号箍筋下料长度 $L = 2 \times (162 + 462) + 100 - 36 = 1310$mm。

6）绘制钢筋配料单，如表 2-3 所示。

钢筋配料单　　　　　　表 2-3

项次	构件名称	钢筋编号	钢筋简图	直径(mm)	钢号	下料长度(mm)	单位根数	合计根数	质量(kg)
1		①	⊏⎯⎯6200⎯⎯⊐	20	HPB235	6470	2	20	319.62
2		②	⊏⎯⎯6200⎯⎯⊐	10	HPB235	6345	2	20	78.30
3	L_1 梁共 10 根	③	780 636 / 3760	20	HPB235	6802	1	10	168.01
4		④	280 636 / 4760	20	HPB235	6802	1	10	168.01
5		⑤	462 × 162	6	HPB235	1310	32	320	92.92

合计 $\phi 6$：92kg；$\phi 10$：77.93kg；$\phi 20$：750.62kg

⑤号箍筋根数 $n = \dfrac{\text{构件长度} - \text{两端保护层厚}}{\text{箍筋间距}} + 1$

$$= \frac{6240 - 2 \times 10}{200} + 1 = 32.1 \quad \text{取 } n = 32 \text{ 根}$$

（5）钢筋配料注意事项

1）在设计图纸中，钢筋配置的细节未注明时，一般可按构造要求处理。

2）钢筋配料计算，除钢筋的形状和尺寸满足图纸要求外，还应考虑有利于钢筋的加工运输和安装。

3）在满足要求前提下，尽可能利用库存规格材料、短料等，以节约钢材。在使用搭接焊和绑扎接头时，下料长度计算应考虑搭接长度。

4）配料时，除图纸注明钢筋类型外，还要考虑施工需要的附加钢筋，如基础底板的双层钢筋网中，为保证上层钢筋网位置用的钢筋撑脚，墙板双层钢筋网中固定钢筋间距用的撑铁，梁中双排纵向受力钢筋为保持其间距用的垫铁等。

（二）钢筋的加工

钢筋一般在钢筋车间加工，然后运至现场绑扎或安装。其加工过程一般有冷拉、冷拔、调直、切断、除锈、弯曲成型、绑扎、焊接等。钢筋加工过程如图 2-5 所示。

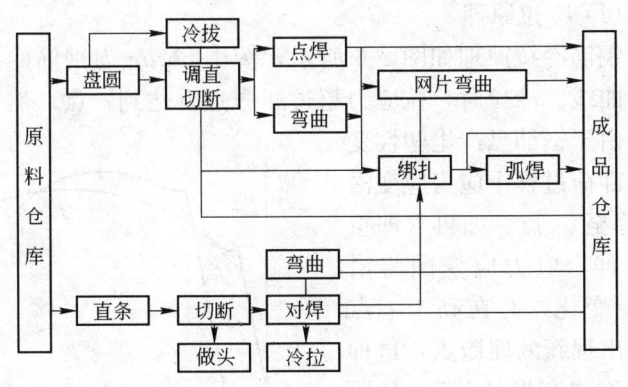

图 2-5　钢筋加工过程

1. 钢筋冷拉

将钢筋在常温下进行冷加工如冷拉、冷拔或冷轧，使之产生塑性变形，从而提高屈服强度，这个过程称为冷加工强化处理。经强化处理后钢筋的塑性和韧性降低。由于塑性变形中产生内应力，故钢筋的弹性模量降低。

建筑工地或预制构件厂常利用该原理对钢筋或低碳盘条按一定制度进行冷拉或冷拔加工，达到调直钢筋、提高屈服强度强度的目的。

钢筋冷拉是在常温下，以超过钢筋屈服强度的拉应力拉伸钢筋，使钢筋产生塑性变形，以提高强度，节约钢材。冷拉时，钢筋被拉直，表面锈渣自动剥落，因此冷拉不但可以提高强度，而且还可以同时完成调直、除锈工作。冷拉HPB300级钢筋适用于钢筋混凝土结构的受拉钢筋，冷拉HRB335、HRB400、RRB400级钢筋可用作预应力混凝土结构的预应力钢筋。

（1）冷拉原理

钢筋冷拉原理如图2-6所示，图中 abcde 为钢筋的拉伸特性曲线。冷拉时，拉应力超过屈服点 b 达到 c 点，然后卸荷。由于钢筋已产生塑性变形，卸荷过程中应力应变沿 co_1 降至 o_1 点。如再立即重新拉伸，应力应变图将沿 o_1cde 变化，并在高于 c 点附近出现新的屈服点，这种现象称"变形硬化"。其原因是冷拉过程中，钢筋内部结晶面滑移，晶格变化，内

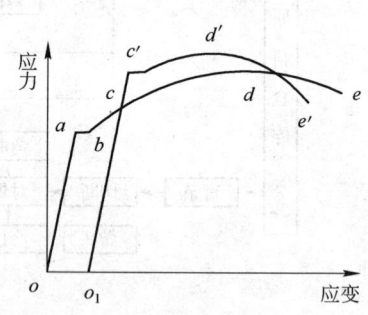

图2-6　钢筋拉伸曲线

部组织发生变化，因而屈服强度提高，塑性降低，弹性模量也降低。

钢筋冷拉后有内应力存在，内应力会促进钢筋内的晶体组织调整，经过调整，屈服点又进一步提高。该晶体组织调整过程称为"时效"。钢筋经冷拉和时效后的拉伸特性曲线即为 $o_1 c' d' e'$。该晶体组织调整过程在常温下需 15～20 天（称自然时效），但在 100℃ 温度下只需 2 小时即完成，因而为了加快时效可利用蒸汽、电热等手段进行人工时效。

（2）冷拉控制方法

钢筋冷拉控制可用控制应力或控制冷拉率的方法。

控制应力时，控制应力值见表 2-4。冷拉后检查钢筋冷拉率，如果超过表 2-4 规定的数值时，则应进行力学性能试验。冷拉钢筋做预应力筋时，宜采用控制应力的方法。

钢筋冷拉控制应力及最大冷拉率　　　　　表 2-4

项次	钢筋级别	钢筋直径（mm）	冷拉控制应力（N/mm²）	最大冷拉率（%）
1	HPB300	≤12	280	10.0
2	HRB335	≤25	450	5.5
		28～40	430	5.5
3	HRB400	8～40	500	5.0

控制冷拉率时，冷拉率控制值必须由试验确定。对同炉批钢筋测定的试件不宜少于 4 个，每个试件都按表 2-4 规定的冷拉应力值在万能试验机上测定相应的冷拉率，取其平均值作为该炉批钢筋的实际冷拉率。如钢筋强度偏高，平均冷拉率低于 1% 时，仍按 1% 进行冷拉。考虑到按平均冷拉率冷拉后的抗拉强度标准偏差，应按控制应力增加 30 N/mm²。测定冷拉率时钢筋的冷拉应力应符合表 2-5 的规定。

测定冷拉率时钢筋的冷拉应力 表 2-5

项次	钢筋级别	钢筋直径(mm)	冷拉应力(N/mm²)
1	HPB300	≤12	310
2	HRB335	≤25	480
		28~40	460
3	HRB400	8~40	530

注：HRB335 级钢筋直径大于 25mm 时，冷拉应力降为 460(N/mm²)。

不同炉批的钢筋，不宜用控制冷拉率的方法进行冷拉。多根连接的钢筋，用控制应力的方法进行冷拉时，其控制应力和每根的冷拉率均应符合表 2-4 中的规定；当用控制冷拉率方法进行冷拉时，实际冷拉率按总长计，但多根钢筋中每根钢筋冷拉率不得超过表 2-4 的规定。

（3）冷拉设备

冷拉设备由拉力设备、承力结构、测量设备和钢筋夹具等部分组成。

钢筋冷拉工艺有两种：一种是采用卷扬机带动滑轮组作为冷拉动力的机械式冷拉工艺，如图 2-7 所示；另一种是采用长行程(1500mm 以上)的专用液压千斤顶和高压油泵的液压冷拉工艺。目前我国仍以前者为主，但后者更有发展前途。

机械式冷拉工艺的冷拉设备，主要由拉力设备、承力结构、回程装置、测量设备和钢筋夹具组成。拉力设备为卷扬机和滑轮组，多用 3~5t 的慢速卷扬机，通过滑轮组增大牵引力。设备的冷拉能力要大于所需的最大拉力，所需的最大拉力等于进行冷拉的最大直径钢筋截面积乘以冷拉控制应力，同时还要考虑滑轮与地面的摩擦阻力及回程装置的阻力。

承力结构可采用地锚，冷拉力大时宜采用钢筋混凝土冷

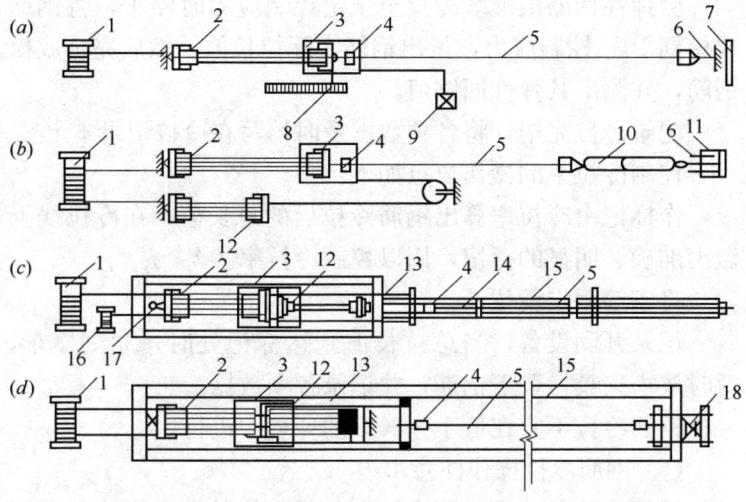

图 2-7 冷拉设备

1—卷扬机；2—滑轮组；3—冷拉小车；4—夹具；5—被冷拉的钢筋；
6—地锚；7—防护壁；8—标尺；9—回程荷重架；10—连接杆；11—弹簧
测力器；12—回程滑轮组；13—传力架；14—钢压柱；15—槽式台座；
16—回程卷扬机；17—电子称；18—液压千斤顶

拉槽，回程装置可用荷重架回程或卷扬机滑轮组回程。测力设备常用液压千斤顶或用装传感器和示力仪的电子秤。

（4）冷拉操作要点及注意事项

钢筋冷拉操作的主要工序有：钢筋上盘→放圈→切断→夹紧夹具→冷拉→放松夹具→捆扎堆放→分批验收。

控制冷拉应力法的操作要点如下：

交底钢筋冷拉前应复核钢筋的冷拉吨位及相应的测力器读数、钢筋冷拉增长值，由技术人员对工人进行技术交底。

作标记钢筋就位，拉伸至10%冷拉控制应力时停车，做好标记，作为钢筋拉长值起点。

测弹性回缩值继续冷拉至规定控制应力时停车，将钢筋放松到 10％控制应力，量出钢筋实际拉长值，然后完全放松钢筋，并测出其弹性回缩值。

记录冷拉完毕，将各项数据及时填写在冷拉记录本上。

控制冷拉率的操作要点如下：

作标记由冷拉率算出钢筋冷拉后的总长值，在冷拉线上做出准确、明显的标记，用以控制冷拉率。

将钢筋固定就位。

记录开动设备，当总拉长值到达标记处时，立刻停车，暂时放松夹具，取下钢筋，并记录各项数据。

钢筋冷拉不宜在低于—20℃的环境中进行。

（5）钢筋冷拉操作注意事项

钢筋冷拉前，应对测力器和各项冷拉数据进行检验和复核，以确保冷拉钢筋质量。

筋冷拉速度不宜过快（一般细钢筋为 6～8m/min，粗钢筋为 0.7～1.5m/min），待拉到规定控制应力或冷拉率后，须静停 2～3min，然后再行放松，以免造成钢筋回缩值过大。

钢筋应先拉直（约为冷拉应力的 10％），然后量其长度，再行冷拉。

预应力钢筋应先对焊后冷拉，以免因焊接而降低冷拉后的强度。如焊接接头被拉断，可重新焊接后再冷拉，但一般不超过两次。

钢筋在负温下进行冷拉时，其环境温度不得低于—20℃。当采用冷拉率控制法进行钢筋冷拉时，冷拉率的确定与常温条件相同，当采用应力控制法进行钢筋冷拉时，冷拉应力应较常温提高 30N/mm^2。

冷拉线两端必须装置防护设施。冷拉时严禁在冷拉线两端站人，或跨越、触动正在冷拉的钢筋。

钢筋冷拉后，宜放置一段时间(7~15 天)后使用。

2. 钢筋调直

弯曲不直的钢筋在混凝土中不能与混凝土共同工作而导致混凝土出现裂缝，以至于产生不应有的破坏。如果用未经调直的钢筋来断料，断料钢筋的长度不可能准确，从而会影响到钢筋成型、绑扎安装等一系列工序的准确性。因此钢筋调直是钢筋加工和不可缺少的工序。

钢筋调直有手工调直和机械调直。细钢筋可采用调直机调直，粗钢筋可以采用捶直或扳直的方法。钢筋的调直还可采用冷拉方法，其冷拉率 HPB300 级钢筋不大于 4%，HRB335 级、HRB400 级和 RRB400 级钢筋的冷拉率不宜大于 1%；一般拉至钢筋表面氧化皮开始脱落为止。

（1）手工平直

直径在 10mm 以下的盘条钢筋，在施工现场一般采用手工调直钢筋。对于冷拔低碳钢丝，可通过导轮牵引调直，这种方法示意见图 2-8，如牵引过轮的钢丝还存在局部慢弯，可用小锤敲打平直；也可以使用蛇形管(见图 2-9)调直，将蛇形管固定在支架上，需要调直的钢丝穿过蛇形管，用人力向前牵引，即可将钢丝基本调直，局部慢弯处可用小锤加以平直。

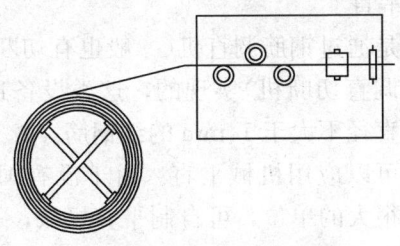

图 2-8　导轮牵引调直

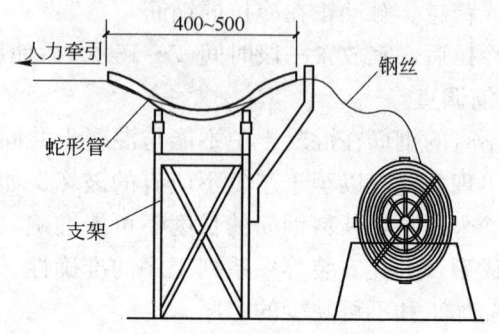

图 2-9　蛇形管调直架

盘条筋可采用绞盘拉直，示意见图 2-10。对于直条粗钢筋一般弯曲较缓，可就势用手扳子扳直。

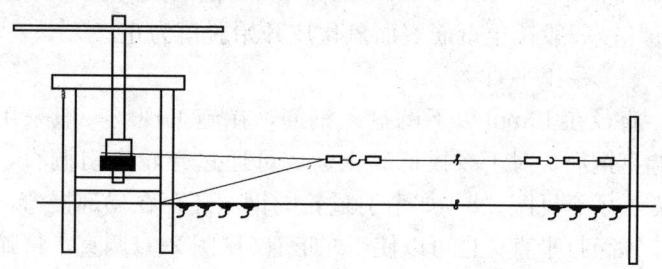

图 2-10　绞盘拉直装置示意图

（2）机械平直

机械平直是通过钢筋调直机（一般也有切断钢筋的功能，因此通称钢筋调直切断机）实现的，这类设备适用于处理冷拔低碳钢丝和直径不大于 14mm 的细钢筋。

粗钢筋也可以应用机械平直。由于没有国家定型设备，故对于工作量很大的单位，可自制平直机械，一般制成机械锤型式，用平直锤锤压弯折部位。粗钢筋也可以利用卷扬机结合冷拉工序进行平直。根据《混凝土结构工程施工质量验收规范》GB 50204—2015 中 5.2.4："条文说明"："弯折钢筋不得调直后作为受力钢筋使用"，因此粗钢筋应注意在运输、加工、安装过程中的保护，弯折后经调直的粗钢筋只能作为非受力钢筋使用。

细钢筋用的钢筋调直机有多种型号，按所能调直切断的钢筋直径区分，常用的有三种：GT 1.6/4、GT 3/8、GT 6/12。另有一种可调直直径更大的钢筋，型号为 GT 10/16(型号标志中斜线两侧数字表示所能调直切断的钢筋直径大小上下限。一般称直径不大于 14mm 的钢筋为"细钢筋")。

工地上常用的钢筋调直机一般是 GT 3/8 型，它的外形见图 2-11。

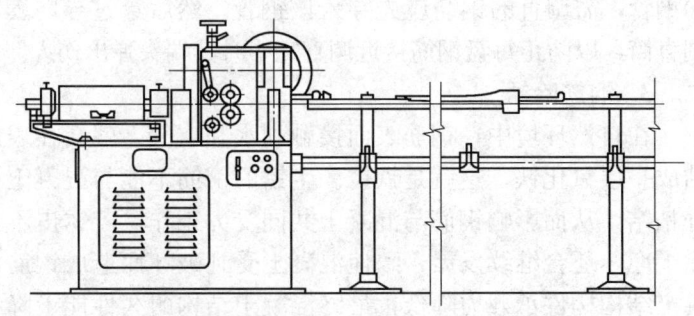

图 2-11　GT 3/8 型钢筋调直机

钢筋调直的操作要点主要是：

检查。每天工作前要先检查电气系统及其元件有无毛病，各种连接零件是否牢固可靠，各传动部分是否灵活，确认正常后方可进行试运转。

试运转。首先从空载开始确认运转可靠之后才可以进料、试验调直和切断。首先要将盘条的端头锤打平直，然后再将它从导向套推进机器内。

试断筋。为保证断料长度合适，应在机器开动后试断三四根钢筋检查，以便出现偏差能得到及时纠正（调整限位开关或定尺板）。

安全要求。盘圆钢筋放入放圈架上要平稳，如有乱丝或钢筋脱架时，必须停车处理。操作人员不能离机械过远，以防发生故障时不能立即停车造成事故。

安装承料架。承料架槽中心线应对准导向套、调直筒和剪切孔槽中心线，并保持平直。

安装切刀。安装滑动刀台上的固定切刀，保证其位置正确。

安装导向管。在导向套前部，安装1根长度约为1m的导向钢管，需调直的钢筋应先穿入该钢管，然后穿过导向套和调直筒，以防止每盘钢筋接近调直完毕时其端头弹出伤人。

3. 钢筋除锈

在自然环境中，钢筋表面接触到水和空气，就会在表面结成一层氧化铁，这就是铁锈。生锈的钢筋不能与混凝土很好粘结，从而影响钢筋与混凝土共同受力工作。若锈皮不清除干净，还会继续发展，致使混凝土受到破坏而造成钢筋混凝土结构构件承载力降低，最终混凝土结构耐久性能下降结构构件完全破坏，钢筋的防锈和除锈是钢筋工非常重要的一项工作。

在预应力混凝土构件中，对预应力钢筋的防锈和除锈要求更为严格。因为在预应力构件中，受力作用主要依靠预应力钢筋与混凝土之间的粘结能力，因此要求构件的预应力钢筋或钢丝表面的油污、锈迹全部清除干净，凡带有氧化锈皮或蜂窝状锈迹的钢丝一律不得使用。

因此，在使用前钢筋的表面应洁净。油渍、漆污和用锤敲击时能剥落的浮皮、铁锈等应清除干净。在焊接前，焊点处的水锈应清除干净。《混凝土结构工程施工质量验收规范》（GB 50204—2015）中 5.2.4 规定："钢筋应平直、无损伤，表面不得有裂纹、油污、颗粒状或片状老锈。"

除锈工作应在调直后、弯曲前进行。钢筋除锈的方法有多种，常用的有人工除锈、钢筋除锈机除锈和酸法除锈。如钢筋经过冷拉或经调直，则可在冷拉或调直过程中完成除锈工作；如未经冷拉的钢筋或冷拉、调直后保管不善而锈蚀的钢筋，可采用电动除锈机除锈，还可采用喷砂除锈、酸洗除锈或手工除锈（用钢丝刷、砂盘）。

（1）人工除锈

人工除锈的常用方法一般是用钢丝刷、砂盘、麻袋布等轻擦或将钢筋在砂堆上来回拉动除锈。砂盘除锈示意图见图 2-12。

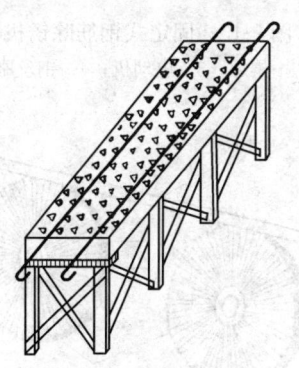

图 2-12　砂盘除锈示意图

（2）机械除锈

机械除锈有除锈机除锈和喷砂法除锈。

除锈机除锈操作如下：

对直径较细的盘条钢筋，通过冷拉和调直过程自动去锈；粗钢筋采用圆盘钢丝刷除锈机除锈。

钢筋除锈机有固定式和移动式两种，一般由钢筋加工单位自制，是由动力带动圆盘钢丝刷高速旋转，来清刷钢筋上的铁锈。

固定式钢筋除锈机一般安装一个圆盘钢丝刷，见图 2-13。为提高效率，也可将两台除锈机组合，见图 2-14。

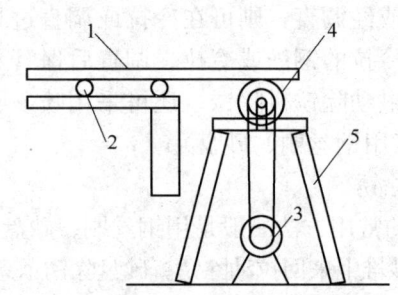

图 2-13　固定式钢筋除锈机
1—钢筋；2—攘道；3—电动机；4—钢丝刷；5—机架

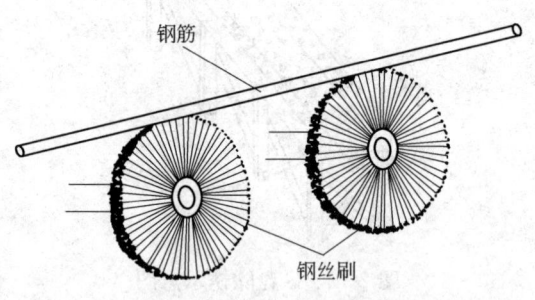

图 2-14　组合后的除锈机

喷砂法除锈操作如下：

主要是用空压机、储砂罐、喷砂管、喷头等设备，利用空压机产生的强大气流形成高压砂流除锈，适用于大量除锈工作，除锈效果好。

（3）酸洗法除锈

当钢筋需要进行冷拔加工时，用酸洗法除锈。酸洗除锈是将盘圆钢筋放入硫酸或盐酸溶液中，经化学反应除铁锈；但在酸洗除锈前，通常先进行机械除锈，这样可以缩短50%酸洗时间，节约80%以上的酸液。酸洗除锈流程和技术参数见表2-6。

表 2-6

酸洗除锈流程和技术参数

工序名称	时间(min)	设备及技术参数
机械除锈	5	倒盘机，ϕ6 台班产量约 5～6t
酸　　洗	20	1. 硫酸液浓度：循环酸洗法 15%左右； 2. 酸洗温度：50～70℃用蒸汽加热
清洗及除锈	30	压力水冲洗 3～5min，清水淋洗 20～25min
沾石灰肥皂浆	5	1. 石灰肥皂浆配制：石灰水 100kg，动物油 15～20kg，肥皂粉 3～4kg，水 350～400kg； 2. 石灰肥皂浆温度，用蒸汽加热
干　　燥	120～240	阳光自然干燥

在除锈过程中发现钢筋表面的氧化铁皮鳞落现象严重并损伤钢筋截面，或在除锈后钢筋表面有严重的麻坑、斑点伤蚀截面时，应降级使用或剔除不用。

4. 钢筋的切断

钢筋经调直、除锈完成后，即可按下料长度进行切断。钢筋应按下料长度下料，力求准确，允许偏差应符合有关规定。钢筋下料切断可用钢筋切断机(直径 40mm 以下的钢筋)及手动液压切断器(直径 16mm 以下的钢筋)。钢筋切断前，应有计划，根据工地的材料情况确定下料方案，确保钢筋的品种、规格、尺寸、外形符合设计要求。切断时，将同规格钢筋根据不同长度长短搭配、统筹排料；一般应先断长料，后断短料，减少短头，长料长用，短料短用，使下脚料的长度最短。切剩的短料可作为电焊接头的帮条或其他辅助短钢筋使用，力求减少钢筋的损耗。

（1）切断前的准备工作

为获得最佳的经济效果，钢筋切断前应做好以下准备工作：

复核：根据钢筋配料单，复核料牌上所标注的钢筋直径、尺寸、根数是否正确。

下料方案：根据工地的库存钢筋情况做好下料方案，长短搭配，尽量减少损耗。

量度准确：避免使用短尺量长料，防止产生累计误差。

试切钢筋：调试好切断设备，试切 1～2 根，尺寸无误后再成批加工。

（2）切断方法

钢筋切断方法分为人工切断与机械切断。

手工切断操作如下：

切断钢丝可用断线钳。形状见图 2-15。

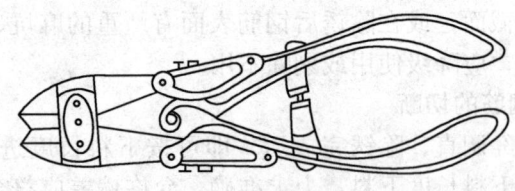

图 2-15　断线钳

切断直径为 16mm 以下的 HPB235 钢筋可用图 2-16 所示的手压切断器。这种切断器一般可自制，由固定刀口、活动刀口、边夹板、把柄、底座等组成。

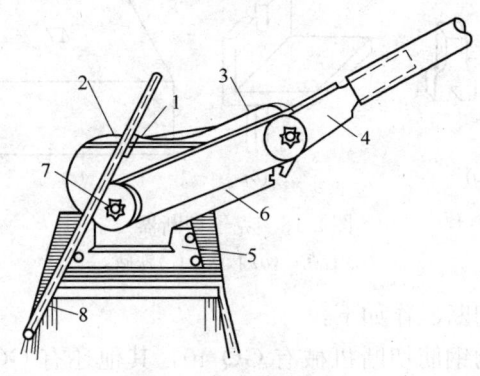

图 2-16　手压切断器

1—固定刀口；2—活动刀口；3—边夹板；4—把柄；

5—底座；6—固定板；7—轴；8—钢筋

切断直径不超过 16mm 的钢筋，可以用 SYJ-16 型手动
液压切断器（图 2-17）。

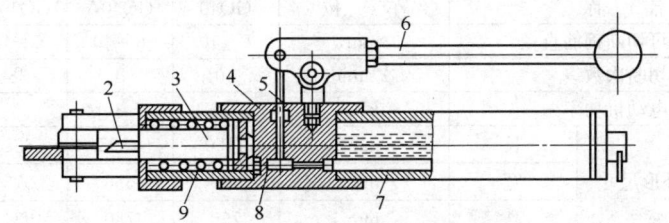

图 2-17　SYJ-16 型手动液压切断器

1—滑轨；2—刀片；3—活塞；4—缸体；5—柱塞；

6—压杆；7—贮油筒；8—吸油阀；9—回位弹簧

一般工地上也常用称为克子的切断器，如图 2-18 所示，
使用克子切断器时，将下克插在铁砧的孔里，钢筋放在下克
槽内，上克边紧贴下克边，用锤打击上克使钢筋切断。

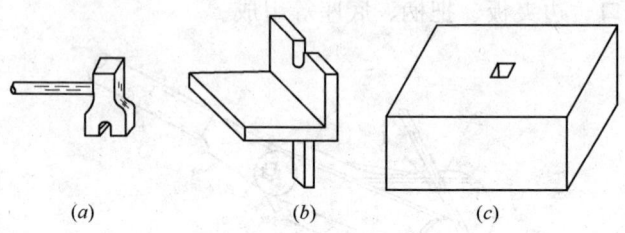

(a)　　　　　　(b)　　　　　(c)

图 2-18　克子切断器

(a)上克；(b)下克；(c)铁砧

机械切断操作如下：

常用的钢筋切断机械有 GQ 40，其他还有 GQ 12、GQ 20、GQ 35、GQ 25、GQ 32、GQ 50、GQ 65 型，型号的数字表示可切断钢筋的最大公称直径。

表 2-7 列出常用钢筋切断机的主要技术性能。

常用钢筋切断机的主要技术性能　　　　　　　表 2-7

性　　　能		型　　　号		
名　　称	单　　位	GQ40	GQ40A	GQ40L
可切断钢筋直径	mm	6～40	6～40	6～40
切断次数	次/min	40	40	38
电动机功率	kW	3	3	3
外形尺寸　长	mm	1150	1395	685
宽	mm	430	556	575
高	mm	750	780	984
整机重量	kg	600	720	650

GQ 40 钢筋切断机每次切断钢筋根数见表 2-8。

GQ 40 每次切断钢筋根数　　　　　　表 2-8

钢筋直径(mm)	5.5～8	9～12	13～16	18～20	20 以上
可切断根数	12～8	6～4	3	2	1

钢筋切断注意事项：

检查。使用前应检查刀片安装是否牢固，润滑油是否充足，并应在开机空转正常以后再进行操作。

切断。钢筋应调直以后再切断，钢筋与刀口应垂直。

安全。断料时应握紧钢筋，待活动刀片后退时及时将钢筋送进刀口，不要在活动刀片已开始向前推进时，向刀口送料，以免断料不准，甚至发生机械及人身事故；长度在30cm以内的短料，不能直接用手送料切断；禁止切断超过切断机技术性能规定的钢材以及超过刀片硬度或烧红的钢筋；切断钢筋后，刀口处的屑渣不能直接用手清除或用嘴吹，而应用毛刷刷干净。

5. 钢筋弯曲成型

弯曲成型是将已切断、配好的钢筋按照施工图纸的要求加工成规定的形状尺寸。

弯曲分为人工弯曲和机械弯曲两种。钢筋弯曲成型一般采用钢筋弯曲机、四头弯曲机（主要用于弯制钢箍）及钢筋弯箍机。在缺乏机具设备的条件下，也可采用手摇扳手弯制钢筋，用卡盘与扳手弯制粗钢筋。钢筋弯曲前应先划线，形状复杂的钢筋应根据钢筋外包尺寸，扣除弯曲调整值（从相邻两段长度中各扣一半），以保证弯曲成型后外包尺寸准确。

钢筋弯曲成型后允许偏差应符合《混凝土结构工程施工质量验收规范》（GB 50204—2015)的规定。

钢筋弯曲成型的顺序是：准备工作→画线→样件→弯曲成型。

（1）准备工作

钢筋弯曲成什么样的形状，各部分的尺寸是多少，主要依据钢筋配料单(见表 2-9),这是最基本的操作依据。

×××钢筋配料单 表 2-9

编号	式　样	规格	下料长度 (mm)	根数	总下料长 (m)	重量 (kg)
1	2980	φ18	2980	4	11.92	23.8
2	600 ⌐2400	φ16	3170	5	15.85	25.0
3	500 1200 820 1200 500 / 4000 580 580	φ20	8940	3	26.82	66.2

料牌:用木板或纤维板制成,将每一编号钢筋的有关资料(工程名称、图号、钢筋编号、根数、规格、式样以及下料长度等)写注于料牌的两面,以便随着工艺流程一道工序、一道工序地传送,最后将加工好的钢筋系上料牌。

(2)画线

钢筋弯曲前,对性状复杂的钢筋(如弯起钢筋),根据钢筋料牌上标明的尺寸,在各弯曲点位置画线。在弯曲成型之前,除应熟悉待加工钢筋的规格、形状和各部尺寸,确定弯曲操作步骤及准备工具等之外,还需将钢筋的各段长度尺寸画在钢筋上。精确画线的方法是,大批量加工时,应根据钢筋的弯曲类型、弯曲角度、弯曲半径、扳距等因素,分别计算各段尺寸,再根据各段尺寸分段画线。这种画线方法比较繁琐。现场小批量的钢筋加工,常采用简便的画线方法:即在画钢筋的分段尺寸时,将不同角度的弯折量度差在弯曲操作方向相反的一侧长度内扣除,画上分段尺寸线,这条线称为弯曲点线。根据弯曲点线并按规定方向弯曲后得到的成型钢筋,基本与设计图要求的尺寸相符。现以梁中一根直径为

18mm 的弯起钢筋为例，说明弯曲点线的画线方法，见图 2-19。

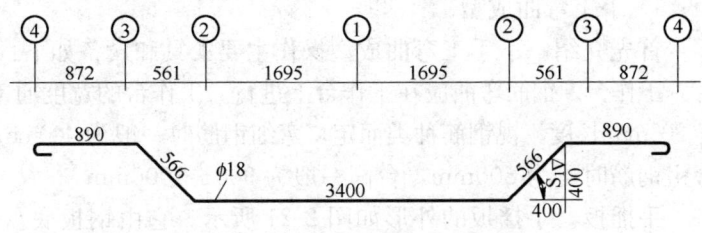

图 2-19　弯起钢筋计算例图

第一步，在钢筋的中心线上画第一道线；

第二步，取中段(3400)的 1/2 减去 $0.25d_0$，即在 $1700-4.5=1695mm$ 处画第二道线；

第三步，取斜段(566)减去 $0.25d_0$，即在 $566-4.52=561mm$ 处画第三道线；

第四步，取直段(890)减去 d_0 即在 $890-18=872mm$ 处画第四道线。

以上各线段即钢筋的弯曲点线，第一根钢筋成型后应与设计尺寸校对一遍，完全符合后在成批生产。弯曲角度须在工作台上放出大样。需说明的一点是画线时所减去的值应根据钢筋直径和弯折角度具体确定，此处所取值仅为便于说明。

弯制形状比较简单或同一形状根数较多的钢筋，可以不画线，而在工作台上按各段尺寸要求，固定若干标志，按标准操作。此法工效较高。

（3）样件

弯曲钢筋画线后，即可试弯 1 根，以检查画线的结果是否符合设计要求。如不符合，应对弯曲顺序、画线、弯曲标志、扳距等进行调整，待调整合格后方可成批弯制。

（4）弯曲成型

1）手工弯曲成型

首先介绍一下手工弯曲成型操作主要工具和设备如下：

工作台。钢筋弯曲应在工作台上进行。工作台的宽度通常为 800mm 长度。视钢筋种类而定，弯细钢筋时一般为 400mm，弯粗钢筋时可为 800mm，台高一般为 900～1000mm。

手摇扳。手摇扳的外形如图 2-21 所示。它由钢板底盘、扳柱、扳手组成，用来弯制直径在 12mm 以下的钢筋，操作前应将底盘固定在工作台上，其底盘表面应与工作台面平直。

图 2-20(a)所示是弯单根钢筋的手摇扳，图 2-20(b)所示是可以同时弯制多根钢筋的手摇扳。

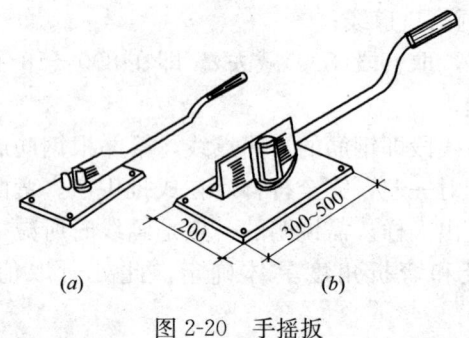

图 2-20　手摇扳

卡盘。卡盘用来弯制粗钢筋，它由钢板底盘和扳柱组成。扳柱焊在底盘上，底盘需固定在工作台上。图 2-21(a)所示为四扳柱的卡盘，扳柱水平净距约为 100mm，垂直方向净距约为 34mm，可弯曲直径为 32mm 钢筋。图 2-21(b)所示为三扳柱的卡盘，扳柱的两斜边净距为 100mm 左右，底边净距约为 80mm。这种卡盘不需配钢套，扳柱的直径视所弯钢筋的粗细而定。一般直径为 20～25mm 的钢筋，可用厚 12mm 的钢板制作卡盘底板。

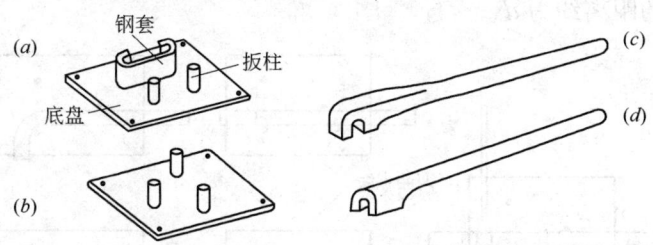

图 2-21　卡盘与钢筋扳子

(a)四扳柱的卡盘；(b)三扳柱的卡盘；(c)横口扳子；(d)顺口扳子

钢筋扳子。钢筋扳子是弯制钢筋的工具，它主要与卡盘配合使用，分为横口扳子和顺口扳子两种［图 2-21(c)、(d)］。横口扳子又有平头和弯头之分，弯头横口扳子仅在绑扎钢筋时作为纠正钢筋位置用。

钢筋扳子的扳口尺寸比弯制的钢筋直径大 2mm 较为合适。

弯曲钢筋时，应配有各种规格的扳子。

其次，手工弯曲成型步骤如下：

为了保证钢筋弯曲形状正确，弯曲弧准确，操作时扳子部分不碰扳柱，扳子与扳柱间应保持一定距离。一般扳子与扳柱之间的距离，可参考表 2-10 所列的数值来确定。

扳子与扳柱之间的距离　　　　　　　　　　表 2-10

弯曲角度	45°	90°	135°	180°
扳　距	$(1.5～2)d_0$	$(2.5～3)d_0$	$(3～3.5)d_0$	$(3.5～4)d_0$

扳距、弯曲点线和扳柱的关系如图 2-22 所示。弯曲点线在扳柱钢筋上的位置为：弯 90°以内的角度时，弯曲点线可与扳柱外缘持平；当弯 135°～180°时，弯曲点线距扳柱边缘的距离约为 d_0。

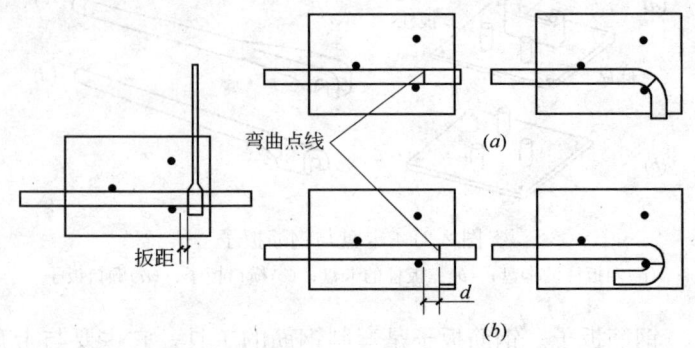

图 2-22　扳距、弯曲点线和扳柱的关系

不同钢筋的弯曲步骤分述如下：

箍筋的弯曲成型。箍筋弯曲成型步骤，分为五步，如图 2-23 所示。在操作前，首先要在手摇扳的左侧工作台上标出

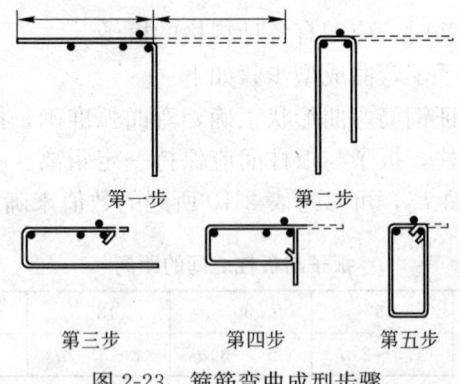

图 2-23　箍筋弯曲成型步骤

钢筋 1/2 长、箍筋长边内侧长和短边内侧长(也可以标长边外侧长和短边外侧长)三个标志。

第一步,在钢筋 1/2 长处弯折 90°;第二步,弯折短边 90°;第三步,弯长边 135°弯钩;第四步,弯短边 90°弯折;第五步,弯短边 135°弯钩。

因为第三、五步的弯钩角度大,所以要比二、四步操作时靠标志略松些,预留一些长度,以免箍筋不方正。

弯起钢筋的弯曲成型见图 2-24 所示。一般弯起钢筋长度较大,故通常在工作台两端设置卡盘,分别在工作台两端同时完成成型工序。

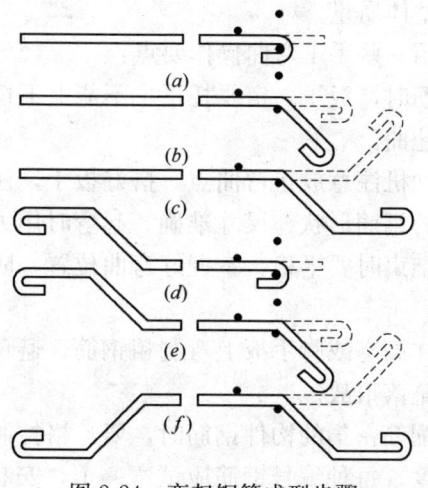

图 2-24　弯起钢筋成型步骤

当钢筋的弯曲形状比较复杂时,可预先放出实样,再用扒钉钉在工作台上,以控制各个弯转角,见图 2-25 所示。首先在钢筋中段弯曲处钉两个扒钉,弯第一对 45°弯;第二步在钢筋上段弯曲处钉两个扒钉,弯第二对 45°弯;第三步在钢筋弯钩处钉两个扒钉；弯两对弯钩；最后起出扒钉。这种成型方法，形状较准确，平面平整。

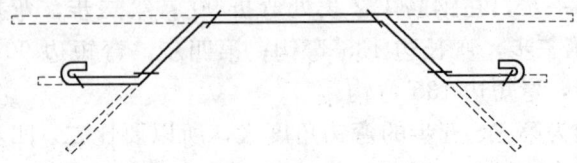

图 2-25 钢筋扒钉成型

各种不同钢筋弯折时，常将端部弯钩作为最后一个弯折程序，这样可以将配料弯折过程中的误差留在弯钩内，不致影响钢筋的整体质量。

最后介绍一些手工弯曲操作要点：

弯制钢筋时，扳子一定要托平，不能上下摆，以免弯出的钢筋产生翘曲。

操作电动机注意放正弯曲点，搭好扳手，注意扳距，以保证弯制后的钢筋形状、尺寸准确。起弯时用力要慢，防止扳手脱落。结束时要平稳，掌握好弯曲位置，防止弯过头或弯不到位。

不允许在高空或脚手扳上弯制粗钢筋，避免因弯制钢筋脱扳而造成坠落事故。

在弯曲配筋密集的构件钢筋时，要严格控制钢筋各段尺寸及起弯角度，每种编号钢筋应试弯一个，安装合适后再成批生产。

2）机械弯曲成型

常用的钢筋弯曲机可弯曲钢筋最大公称直径为 40mm，用 GW 40 表示型号；其他还有 GW 12、GW 20、GW 25、GW 32、GW 50、GW 65 等，型号的数字标志可弯曲钢筋的最大公称直径。

各种钢筋弯曲机可弯曲钢筋直径是按抗拉强度为 450N/mm² 的钢筋取值的，对于级别较高、直径较大的钢筋，如果用 GW 40 型钢筋弯曲机不能胜任，则可采用 GW 50 型来弯曲。

最普遍使用的 GW 40 型钢筋弯曲机的上视图如图 2-26 所示。

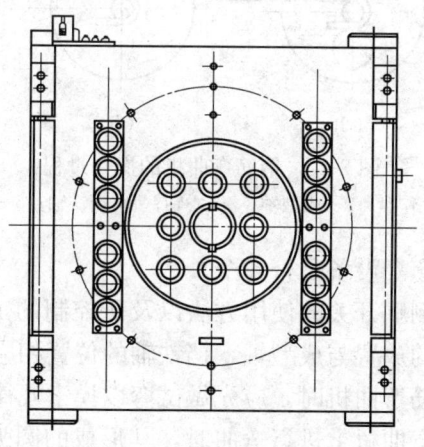

图 2-26　机械弯曲机上视图

更换传动轮，可使工作盘得到三种转速，弯曲直径较大的钢筋必须使转速放慢，以免损坏设备。在不同转速的情况下，一次最多能弯曲的钢筋根数根据其直径的大小应按弯曲机的说明书执行。弯曲机的操作过程见图 2-27。

钢筋弯曲机操作要点如下：

对操作人员进行岗前培训和岗位教育，严格执行操作规程。

操作前要对机械各部件进行全面检查以及试运转，并查

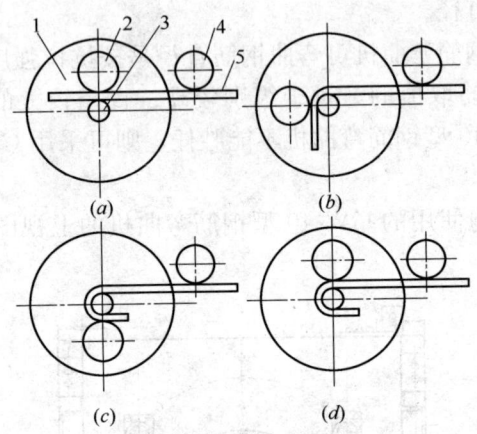

图 2-27　钢筋弯曲机的操作过程

1—工作盘；2—成型轴；3—心轴；4—挡铁轴；5—钢筋

点齿轮、轴套等设备是否齐全。

要熟悉倒顺开关的使用方法以及所控制的工作盘旋转方向，使钢筋的放置与成型轴、挡铁轴的位置相应配合。

使用钢筋弯曲机时，应先做试弯以摸索规律。

钢筋在弯曲机上进行弯曲时，其形成的圆弧弯曲直径是借助于心轴直径实现的，因此要根据钢筋粗细和所要求的圆弧弯曲直径大小随时更换轴套。

为了适应钢筋直径和心轴直径的变化，应在成型轴上加一个偏心套，以调节心轴、钢筋和成型轴三者之间的间隙。

严禁在机械运转过程中更换心轴、成型轴、挡铁轴，或进行清扫、注油。

弯曲较长的钢筋应有专人帮助扶持，帮助人员应听从指挥，不得任意推送。

（5）成品管理

对钢筋加工工序而言，弯曲成型后的钢筋就算是"成品"。

1）成品质量

弯曲成型后的钢筋质量必须通过加工操作人员自检，进入成品仓库的钢筋要由专职质量检查人员复检合格。

钢筋加工的质量按照《混凝土结构工程施工质量验收规范》GB 50204—2015 的规定，应符合下列要求：

受力钢筋的弯钩和弯折应符合表 2-11 的规定。

钢筋弯钩、弯折形状和尺寸要求   表 2-11

钢筋类型	牌号或部位	形 状	弯弧内直径	弯钩平直部分长度(L_p)
受力钢筋	HPB300	180°弯钩	$\geqslant 2.5d$	$\geqslant 3d$
	HRB335，HRB400	135°弯钩	$\geqslant 4d$	按设计要求
		$\leqslant 90°$弯钩	$\geqslant 5d$	—
箍筋	一般结构	$\geqslant 90°$弯钩	$\geqslant 2.5d_0$，$\geqslant d$	$\geqslant 5d_0$
	抗震结构	135°弯钩	$\geqslant 2.5d_0$，$\geqslant d$	$\geqslant 10d_0$

注：表中 d 为受力钢筋直径，d_0 为箍筋直径。

钢筋加工允许偏差应符合表 2-12 规定。

钢筋加工允许偏差   表 2-12

项 目	允许偏差(mm)
受力钢筋顺长度方向全长的净尺寸	±10
弯起钢筋的弯折位置	±20
箍筋内净尺寸	±5

2）管理要点

弯曲成型的钢筋必须轻抬轻放，避免产生变形；经过验收检查合格后，成品应按编号拴上料牌，并应特别注意钢筋的料牌勿使遗漏。

清点某一编号钢筋成品无误后，在指定的堆放地点，要按编号分隔整齐堆入，并标识所属工程名称。

　　钢筋成品应堆放在库房里，库房应防雨防水，地面保持干燥，并做好支垫。与安装班组联系好，按工程名称、部位及钢筋编号、需用顺序堆放，防止先用的被压在下面及使用时因翻垛而造成钢筋变形。

三、钢筋的绑扎与安装

（一）钢筋现场绑扎

钢筋绑扎安装前，应先熟悉施工图纸，核对钢筋配料单和料牌，研究钢筋安装和与有关工种配合的顺序，准备绑扎用的钢丝、绑扎工具、绑扎架等。钢筋绑扎一般用18～22号钢丝，其中22号钢丝只用于绑扎直径12mm以下的钢筋。

钢筋现场绑扎的准备工作：

1）核对成品钢筋的钢号、直径、形状、尺寸和数量等是否与料单料牌相符。如有错漏，应纠正增补。

2）准备绑扎用的钢丝、绑扎工具（如钢筋钩），绑扎架等。

3）准备控制混凝土保护层用的水泥砂浆垫块或塑料块。

4）划出钢筋位置线。

5）绑扎形式复杂的结构部时，应先研究逐根钢筋穿插就位的顺序，并与模板工联系讨论支模和绑扎钢筋的先后次序，以减少绑扎困难。

（二）基础钢筋绑扎施工工艺

1. 施工准备

（1）技术准备

1）熟悉图纸、完成钢筋下料。

2）在垫层上弹出钢筋位置线。

3）做好技术交底。

（2）材料要求

1）工程所用钢筋种类、规格必须符合设计要求，并经检验合格。

2）钢筋半成品符合设计及规范要求。

3）钢筋绑扎用的钢丝（镀锌钢丝）可采用20～22号钢丝，其中22号钢丝只用于绑扎直径12mm以下的钢筋。钢筋绑扎钢丝长度参考表3-1。

钢筋绑扎钢丝长度参考表（mm）   表3-1

钢筋直径(mm)	6～8	10～12	14～16	18～20	22	25	28	32
6～8	150	170	190	220	250	270	290	320
10～12		190	220	250	270	290	310	340
14～16			250	270	290	310	330	360
18～20				290	310	330	350	380
22					330	350	370	400

（3）主要机具

钢筋钩子、钢筋运输车、石笔、墨斗、尺子等。

（4）作业条件

1）基础垫层完成，并符合设计要求。垫层上钢筋位置线已弹好。

2）检查钢筋的出厂合格证，按规定进行复试，并经检验合格后方能使用。钢筋无老锈及油污，成型钢筋经现场检验合格。

3）钢筋应按现场施工平面布置图中指定位置堆放，钢筋外表面如有铁锈时，应在绑扎前清除干净，锈蚀严重的钢筋不得使用。

4）绑扎钢筋地点已清理干净。

2. 施工工艺

（1）工艺流程（图 3-1）

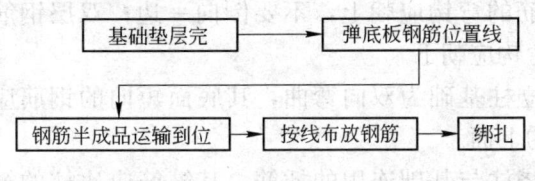

图 3-1 基础钢筋绑扎工艺流程

（2）操作工艺

1）将基础垫层清扫干净，用石笔和墨斗在上面弹放钢筋位置线。

2）按钢筋位置线布放基础钢筋。

3）绑扎钢筋。四周两行钢筋交叉点应每点绑扎牢。中间部分交叉点可相隔交错扎牢，但必须保证受力钢筋不移位。双向主筋的钢筋网，则需将全部钢筋相交点扎牢。相邻绑扎点的钢丝扣成八字形，以免网片歪斜变形。

4）基础底板采用双层钢筋网时，在上层钢筋网下面应设置钢筋撑脚或混凝土撑脚，以保证钢筋位置正确，钢筋撑脚下应垫在下片钢筋网上。如图 3-2 所示。

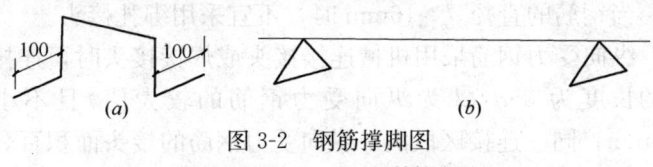

图 3-2 钢筋撑脚图

（a）钢筋撑脚图（一）；（b）钢筋撑脚图（二）

图 3-2(a)所示类型撑脚每隔 1m 放置 1 个，其直径选用：当板厚 $h \leqslant 300\text{mm}$ 时为 $8 \sim 10\text{mm}$，当板厚 $h = 300 \sim 500\text{mm}$ 时为 $12 \sim 14\text{mm}$。当板厚 $h > 500\text{mm}$ 时选用图 3-2(b)所示撑脚，钢筋直径为 $16 \sim 18\text{mm}$。沿短向通长布置，间距以能保证钢筋位置为准。

5）钢筋的弯钩应朝上，不要倒向一边；双层钢筋网的上层钢筋弯钩应朝下。

6）独立柱基础为双向弯曲，其底面短向的钢筋应放在长向钢筋的上面。

7）现浇柱与基础连用的插筋，其箍筋应比柱的箍筋小一个柱筋直径，以便连接。箍筋的位置一定要绑扎固定牢靠，以免造成柱轴线偏移。

8）基础中纵向受力钢筋的混凝土保护层厚度不应小于 40mm，当无垫层时不应小于 70mm。

9）钢筋的连接：

受力钢筋的接头宜设置在受力较小处。接头末端至钢筋弯起点的距离不应小于钢筋直径的 10 倍。

若采用绑扎搭接接头，则接头相邻纵向受力钢筋的绑扎接头宜相互错开。钢筋绑扎接头连接区段的长度为 1.3 倍搭接长度(l_t)。凡搭接接头中点位于该区段的搭接接头均属于同一连接区段。位于同一区段内的受拉钢筋搭接接头面积百分率为 25%。

当钢筋的直径 $d > 16\text{mm}$ 时，不宜采用绑扎接头。

纵向受力钢筋采用机械连接接头或焊接接头时，连接区段的长度为 $35d$（d 为纵向受力钢筋的较大值）且不小于 500mm。同一连接区段内，纵向受力钢筋的接头面积百分率应符合设计规定，当设计无规定时，应符合下列规定：

在受拉区不宜大于 50%；直接承受动力荷载的基础中，不宜采用焊接接头；当采用机械连接接头时，不应大于 50%。

10）基础钢筋的若干规定：

当条形基础的宽度 $B \geqslant 1600\text{mm}$ 时，横向受力钢筋的长度可减至 $0.9B$，交错布置；

当单独基础的边长 $B \geqslant 3000\text{mm}$（除基础支承在桩上外）时，受力钢筋的长度可减至 $0.9B$ 交错布置。

11）基础浇筑完毕后，把基础上预留墙柱插筋扶正理顺，保证插筋位置准确。

12）承台钢筋绑扎前，一定要保证桩基伸出钢筋到承台的锚固长度。

（三）现浇框架结构钢筋绑扎施工工艺

1. 施工准备

（1）技术准备

1）准备工程所需的图纸、规范、标准等技术资料，并确定其是否有效。

2）按图纸和操作工艺标准向班组进行安全、技术交底，对钢筋绑扎安装顺序予以明确规定：钢筋的翻样、加工；钢筋的验收；钢筋绑扎的工具；钢筋绑扎的操作要点；钢筋绑扎的质量通病防治。

（2）材料准备

1）成型钢筋：必须符合配料单的规格、尺寸、形状、数量，并应有加工出厂合格证。

2）钢丝：可采用 20～22 号钢丝（火烧丝）或镀锌钢丝。钢丝切断长度要满足使用要求。

3）垫块：宜用与结构等强度细石混凝土制成，50mm见方，厚度同保护层，垫块内预留 20～22 号火烧丝，或用塑料卡、拉筋、支撑筋。

（3）主要机具准备

钢筋钩子、撬棍、扳子、绑扎架、钢丝刷、手推车、粉笔、尺子等。

（4）作业条件

1）钢筋进场后应检查是否有出厂证明、复试报告，并按施工平面布置图指定的位置，按规格、使用部位、编号分别加垫木堆放。

2）做好抄平放线工作，弹好水平标高线，墙、柱、梁部位外皮尺寸线。

3）根据弹好的外皮尺寸线，检查下层预留搭接钢筋的位置、数量、长度，如不符合要求时，应进行处理。绑扎前先整理调直下层伸出的搭接筋，并将锈蚀、水泥砂浆等污垢清理干净。

4）根据标高检查下层伸出搭接筋处的混凝土表面标高是否符合图纸要求，如有松散不实之处，要剔除并清理干净。

2. 施工工艺

（1）绑柱子钢筋

1）工艺流程（图 3-3）：

弹柱子线 → 剔凿柱混凝土表面浮浆 → 修理柱子筋 → 套柱箍筋 →

搭接绑扎竖向受力筋 → 画箍筋间距线 → 绑箍筋

图 3-3　绑柱子钢筋工艺流程

2）套柱箍筋：按图纸要求间距，计算好每根柱箍筋数量，先将箍筋套在下层伸出的搭接筋上，然后立柱子钢筋，在搭接长度内，绑扣不少于 3 个，绑扣要向柱中心。如果柱子主筋采用光圆钢筋搭接时，角部弯钩应与模板成 45°，中间钢筋的弯钩应与模板成 90°。

3）搭接绑扎竖向受力筋：柱子主筋立起后，绑扎接头的搭接长度、接头面积百分率应符合设计要求。如设计无要求时应符合规范规定。

4）箍筋绑扎：

在立好的柱子竖向钢筋上，按图纸要求用粉笔画箍筋间距线。

5）柱箍筋绑扎：

按已划好的箍筋位置线，将已套好的箍筋往上移动，由上往下绑扎，宜采用缠扣绑扎，如图 3-4。

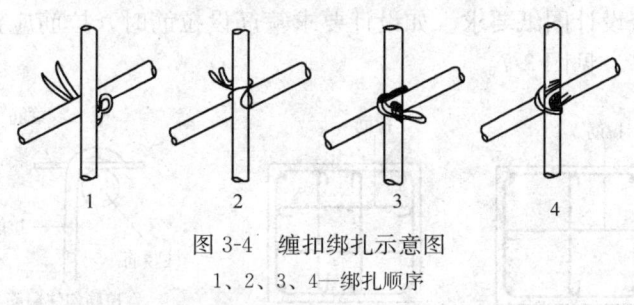

图 3-4 缠扣绑扎示意图

1、2、3、4—绑扎顺序

箍筋与主筋要垂直，箍筋转角处与主筋交点均要绑扎，主筋与箍筋非转角部分的相交点成梅花交错绑扎。

箍筋的弯钩叠合处应沿柱子竖筋交错布置，并绑扎牢固，见图 3-5。

有抗震要求的地区，柱箍筋端头应弯成 135°，平直部分长度不小于

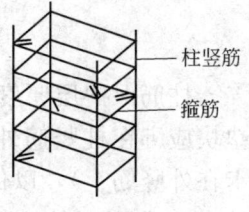

—柱竖筋

箍筋

图 3-5 柱箍筋交错布置示意图

$10d$（d 为箍筋直径），如图 3-6 所示。如箍筋采用 90°搭接，搭接处应焊接，焊缝长度单面焊缝不小于 $10d$。

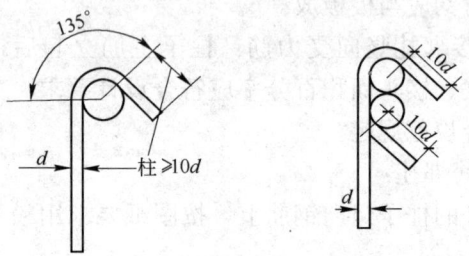

图 3-6　箍筋抗震要求示意图

柱基、柱顶、梁柱交接处箍筋间距应按设计要求加密。柱上下两端箍筋应加密，加密区长度及加密区内箍筋间距应符合设计图纸要求。如设计要求箍筋设拉筋时，拉筋应钩住箍筋，见图 3-7。

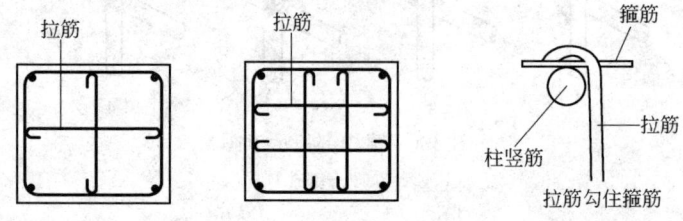

图 3-7　拉筋布置示意图

柱筋保护层厚度应符合规范要求，主筋外皮为 25mm，垫块应绑在柱竖筋外皮上，间距一般 1000mm（或用塑料卡卡在外竖筋上），以保证主筋保护层厚度准确。当柱截面尺寸有变化时，柱应在板内弯折，弯后的尺寸要符合设计要求。

（2）绑剪力墙钢筋

1) 工艺流程(图 3-8):

```
立2~4根主筋 ──→ 画水平筋间距 ──→ 绑定位横筋 ──→ 绑其余横主筋
```

图 3-8　绑剪力墙钢筋工艺流程

2) 立 2～4 根主筋,将主筋与下层伸出的搭接筋绑扎,在主筋上画好水平筋分档标志,在下部及齐胸处绑两根横筋定位,并在横筋上画好主筋分档标志,接着绑其余主筋,最后再绑其余横筋。横筋在主筋里面或外面应符合设计要求。

3) 主筋与伸出搭接筋的搭接处需绑 3 根水平筋,其搭接长度及位置均应符合设计要求。

4) 剪力墙筋应逐点绑扎,双排钢筋之间应绑拉筋或支撑筋,其纵横间距不大于 600mm,钢筋外皮绑扎垫块或用塑料卡(也可采用梯子筋来保证钢筋保护层厚度)。

5) 剪力墙与框架柱连接处,剪力墙的水平横筋应锚固到框架柱内,其锚固长度要符合设计要求。如先浇筑柱混凝土后绑扎剪力墙筋时,柱内要预留连接筋或柱内预埋铁件,待柱拆模绑墙筋时作为连接用。其预留长度应符合设计或规范的规定。

6) 剪力墙水平筋在两端头、转角、十字节点、联梁等部位的锚固长度以及洞口周围加固筋等,均应符合设计抗震要求。

7) 合模后对伸出的主向钢筋应进行修整,宜在搭接处绑一道横筋定位,浇筑混凝土时应有专人看管,浇筑后再次调整以保证钢筋位置的准确。

(3) 梁钢筋绑扎

1) 工艺流程(图 3-9)。

2) 在梁侧模板上画出箍筋间距,摆放箍筋。

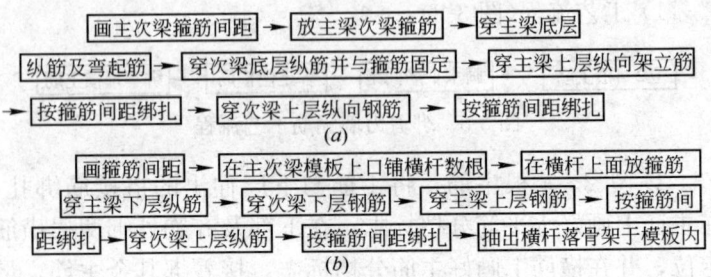

图 3-9 梁钢筋绑扎工艺流程

(a)模内绑扎；(b)模外绑扎(先在梁模板上口绑扎成型后再入模内)

3）先穿主梁的下部纵向受力钢筋及弯起钢筋，将箍筋按已画好的间距逐个分开；穿次梁的下部纵向受力钢筋及弯起钢筋，并套好箍筋；放主次梁的架立筋；隔一定间距将架立筋与箍筋绑扎牢固；调整箍筋间距使间距符合设计要求，绑架立筋，再绑主筋，主次梁同时配合进行。

4）框架梁上部纵向钢筋应贯穿中间节点，梁下部纵向钢筋伸入中间节点锚固长度及伸过中心线的长度要符合设计要求。框架梁纵向钢筋在端节点内的锚固长度也要符合设计要求。

5）绑梁上部纵向筋的箍筋，宜用套扣法绑扎，如图3-10所示。

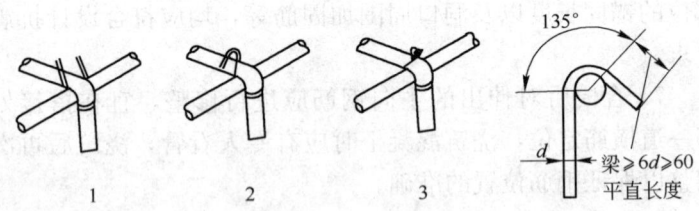

图 3-10 梁钢筋套扣法绑扎

1、2、3—绑扎顺序

6）箍筋在叠合处的弯钩，在梁中应交错绑扎，箍筋弯钩为135°，平直部分长度为10d，如做成封闭箍时，单面焊缝长度为5d。

7）梁端第一个箍筋应设置在距离柱节点边缘50mm处。梁端与柱交接处箍筋应加密，其间距与加密区长度均要符合设计要求。

8）在主、次梁受力筋下均应垫垫块（或塑料卡），保证保护层的厚度。受力筋为双排时，可用短钢筋垫在两层钢筋之间，钢筋排距应符合设计要求。

9）梁筋的搭接：梁的受力钢筋直径等于或大于22mm时，宜采用焊接接头；小于22mm时，可采用绑扎接头，搭接长度要符合规范的规定。搭接长度末端与钢筋弯折处的距离，不得小于钢筋直径的10倍。接头不宜位于构件最大弯矩处，受拉区域内HPB300级钢筋绑扎接头的末端应做弯钩（HRB335级钢筋可不做弯钩），搭接处应在中心和两端扎牢。接头位置应相互错开，当采用绑扎搭接接头时，在规定搭接长度的任一区域内有接头的受力钢筋截面面积占受力钢筋总截面面积百分率，受拉区不大于50%。

（4）板钢筋绑扎

1）工艺流程（图3-11）：

清理模板 → 模板上画线 → 绑板下受力筋 → 绑负弯矩钢筋

图3-11 板钢筋绑扎工艺流程

2）清理模板上面的杂物，用粉笔在模板上画好主筋、分布筋间距。

3）按画好的间距，先摆放受力主筋、后放分布筋。预埋件、电线管、预留孔等及时配合安装。

4）在现浇板中有板带梁时，应先绑板带梁钢筋，再摆放板钢筋。

5）绑扎板筋时一般用顺扣（图 3-12）或八字扣，除外围两根钢筋的相交点应全部绑扎外，其余各点可交错绑扎（双向板相交点需全部绑扎）。如板为双层钢筋，两层钢筋之间需加钢筋马凳，以确保上部钢筋的位置。负弯矩钢筋每个相交点均要绑扎。

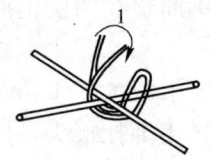 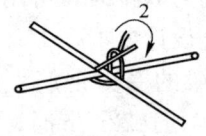 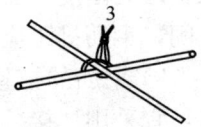

图 3-12　楼板钢筋绑扎

1、2、3—绑扎顺序

6）在钢筋的下面垫好砂浆垫块，间距 1.5m。垫块的厚度等于保护层厚度，应满足设计要求，如设计无要求时，板的保护层厚度应为 15mm。钢筋搭接长度与搭接位置的要求与前面所述梁相同。

（5）楼梯钢筋绑扎

1）工艺流程（图 3-13）：

画位置线 → 绑主筋 → 绑分布筋 → 绑踏步筋

图 3-13　楼梯钢筋绑扎工艺流程

2）在楼梯底板上画主筋和分布筋的位置线。

3）根据设计图纸中主筋、分布筋的方向，先绑扎主筋后绑扎分布筋，每个交点均应绑扎。如有楼梯梁时，先绑梁后绑板筋。板筋要锚固到梁内。

4）底板筋绑完，待踏步模板吊绑支好后，再绑扎踏步钢筋。主筋接头数量和位置均要符合设计和施工质量验收规范的规定。

（四）剪力墙钢筋绑扎施工工艺

1. 施工准备
（1）技术准备

1）熟悉图纸；钢筋下料、成型完毕并经检验合格；

2）标出钢筋位置线；

3）做好技术交底。

（2）材料要求

根据设计要求，工程所用钢筋种类、规格必须符合要求，并经检验合格。钢筋及半成品符合设计及规范要求。

钢筋绑扎用的钢丝可采用 20～22 号钢丝（火烧丝）或镀锌钢丝（铅丝），其中 22 号钢丝只用于绑扎直径 12mm 以下的钢筋。钢筋绑扎钢丝长度参考表 3-2。

钢筋绑扎铁丝长度参考表（mm）　　　表 3-2

钢筋直径(mm)	6～8	10～12	14～16	18～20	22	25	28	32
6～8	150	170	190	220	250	270	290	320
10～22		190	220	250	270	290	310	340
14～16			250	270	290	310	330	360
18～20				290	310	330	350	380
22					330	350	370	400

（3）主要机具

钢筋钩子、撬棍、钢筋扳子、绑扎架、钢丝刷子、钢筋运输车、石笔、墨斗、尺子等。

（4）作业条件

1）检查钢筋的出厂合格证，按规定进行复试，并经检验合格后方能使用；网片应有加工合格证并经现场检验合格；加工成型钢筋应符合设计及规范要求，钢筋无老锈及油污。

2）钢筋或点焊网片应按现场施工平面布置图中指定位置堆放，网片立放时应有支架，平放时应垫平，垫木应上下对正，吊装时应使用网片架。

3）钢筋外表面如有铁锈时，应在绑扎前清除干净，锈蚀严重的钢筋不得使用。

4）外砖内模工程必须先砌完外墙。

5）绑扎钢筋地点已清理干净。

6）墙身、洞口位置线已弹好，预留钢筋处的松散混凝土已剔凿干净。

2. 施工工艺

（1）剪力墙钢筋现场绑扎

1）工艺流程（图3-14）：

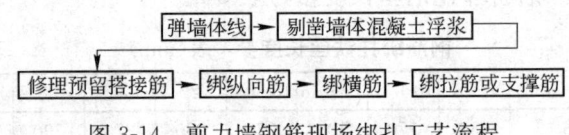

图3-14　剪力墙钢筋现场绑扎工艺流程

2）操作工艺：

将预留钢筋调直理顺，并将表面砂浆等杂物清理干净。先立2～4根纵向筋，并画好横筋分档标志，然后于下部及齐胸处绑两根定位水平筋，并在横筋上画好分档标志，然后绑其余纵向筋，最后绑其余横筋。如剪力墙中有暗梁、暗柱时，应先绑暗梁、暗柱再绑周围横筋。

剪力墙钢筋绑扎完后，把垫块或垫圈固定好确保钢筋保护层的厚度。

3）剪力墙的纵向钢筋每段钢筋长度不宜超过 4m（钢筋的直径≤12mm）或 6m（直径＞12mm），水平段每段长度不宜超过 8m，以利绑扎。

4）剪力墙的钢筋网绑扎。全部钢筋的相交点都要扎牢，绑扎时相邻绑扎点的钢丝扣成八字形，以免网片歪斜变形。

5）为控制墙体钢筋保护层厚度，宜采用比墙体竖向钢筋大一型号钢筋梯子凳，在原位替代墙体钢筋，间距 1500mm 左右。如图 3-15 所示。

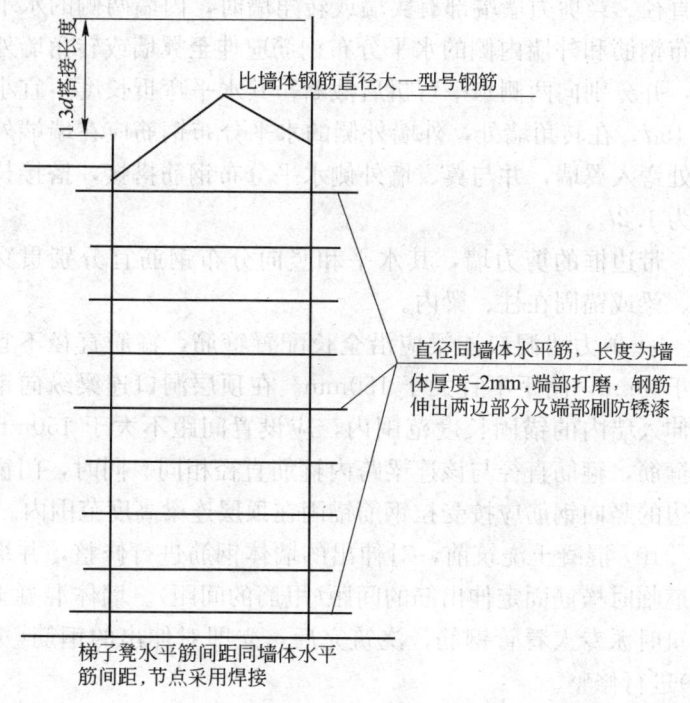

图 3-15　梯子凳详图

6) 剪力墙水平分布钢筋的搭接长度不应小于 $1.2l_a$(l_a 为钢筋锚固长度)。同排水平分布钢筋的搭接接头之间及上、下相邻水平分布钢筋的搭接接头之间沿水平方向的净间距不宜小于 500mm。若搭接采用焊接时应符合《钢筋焊接及验收规程》(JGJ 18—2012)的规定。

7) 剪力墙竖向分布钢筋可在同一高度搭接,搭接长度不应小于 $1.2l_a$。

8) 剪力墙分布钢筋的锚固:剪力墙水平分布钢筋应伸至墙端,并向内水平弯折 $10d$ 后截断,其中 d 为水平分布钢筋直径。当剪力墙端部有翼墙或转角墙时,内墙两侧的水平分布钢筋和外墙内侧的水平分布钢筋应伸至翼墙或转角墙外边,并分别向两侧水平弯折后截断,其水平弯折长度不宜小于 $15d$。在转角墙处,外墙外侧的水平分布钢筋应在墙端外角处弯入翼墙,并与翼、墙外侧水平分布钢筋搭接,搭接长度为 $1.2l_a$。

带边框的剪力墙,其水平和竖向分布钢筋宜分别贯穿柱、梁或锚固在柱、梁内。

9) 剪力墙洞口连梁应沿全长配置箍筋,箍筋直径不宜小于 6mm,间距不宜大于 150mm。在顶层洞口连梁纵向钢筋伸入墙内的锚固长度范围内,应设置间距不大于 150mm 的箍筋,箍筋直径与该连梁跨内箍筋直径相同。同时,门窗洞边的竖向钢筋应按受拉钢筋锚固在顶层连梁高度范围内。

10) 混凝土浇筑前,对伸出的墙体钢筋进行修整,并绑一道临时横筋固定伸出筋的间距(甩筋的间距)。墙体混凝土浇筑时派专人看管钢筋,浇筑完后,立即对伸出的钢筋(甩筋)进行修整。

11) 外砖内模剪力墙结构,剪力墙钢筋与外砖墙连接:

绑内墙钢筋时，先将外墙预留的拉结筋理顺，然后再与内墙钢筋搭接绑牢。

（2）剪力墙采用预制焊接网片的绑扎

1）工艺流程（图 3-16）：

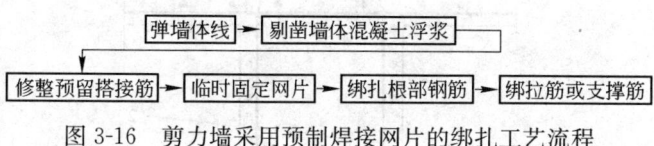

图 3-16　剪力墙采用预制焊接网片的绑扎工艺流程

2）操作工艺：

将墙身处预留钢筋调直理顺，并将表面杂物清理干净。按图纸要求将网片就位，网片立起后用木方临时固定支牢。然后逐根绑扎根部搭接钢筋，在搭接部分和两端共绑 3 个扣。同时将门窗洞口处加固筋也绑扎，要求位置准确。洞口处的偏移预留筋应作成灯插弯（1：6）弯折到正确位置并理顺，使门窗洞口处的加筋位置符合设计图纸的要求。若预留筋偏移过大或影响门窗洞口时，应在根部切除并在正确位置采用化学注浆法植筋。

剪力墙中用焊接网作分布钢筋时可按一楼层为一个竖向单元。其竖向搭接可设在楼层面之上，搭接长度不应小于 $1.2l_a$ 且不应小于 400mm。在搭接的范围内，下层的焊接网不设水平分布钢筋，搭接时应将下层网的竖向钢筋与上层网的钢筋绑扎固定（见图 3-17）。

剪力墙结构的分布钢筋采用的焊接网，对一级抗震等级应采用冷轧带肋钢筋焊接网，对二级抗震等级宜采用冷轧带肋钢筋焊接网。

当采用冷拔光面钢筋焊接网作剪力墙的分布筋时，其竖向分布筋未焊水平筋的上端应有垂直于墙面的 90°弯钩，直

61

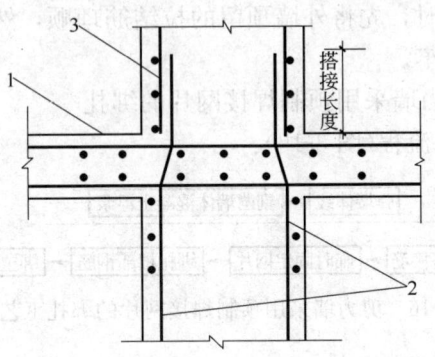

图 3-17　钢筋焊接网的竖向搭接图

1—楼板；2—下层焊接图；3—上层焊

钩长度为 $5 \sim 10d$（d 为竖向分布钢筋直径），且不应小于 50mm。

墙体中钢筋焊接网在水平方向的搭接可采用平接法或附加钢筋扣接法，搭接长度应符合设计规定。若设计无规定，则应符合《钢筋焊接网混凝土结构技术规程》(JGJ/T 114—2014)中的有关规定。

钢筋焊接网在墙体端部的构造应符合下列规定：

当墙体端部无暗柱或端柱时，可用现场绑扎的附加钢筋连接。附加钢筋(宜优先选用冷轧带肋钢筋)的间距宜与钢筋焊接网的水平钢筋的间距相同，其直径可按等强度设计原则确定，附加钢筋的锚固长度不应小于最小锚固长度(见图 3-18)。

当墙体端部设有暗柱或端柱时，焊接网的水平钢筋可插入柱内锚固，该插入部分可不焊接竖向钢筋，其锚固长度，对冷轧带肋钢筋应符合设计及规范规定；对冷拔光面钢筋宜在端头设置弯钩或焊接短筋，其锚固长度不应小于 $40d$（对 C20 混凝土）或 $30d$（对 C30 混凝土），且不应小于 250mm，并应采用钢丝与柱的纵向钢筋绑扎牢固。当钢筋焊接网设置在暗柱或端柱钢筋外侧时，应与暗柱或端柱钢筋有可靠的连接措施。

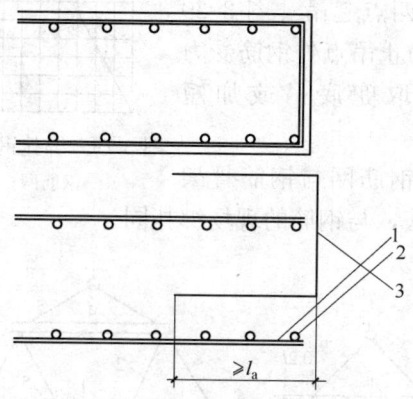

图 3-18　钢筋焊接网在墙体端部(无暗柱)的构造图
1—焊接网水平钢筋；2—焊接网竖向钢筋；3—附加连接钢筋

（五）钢筋网与钢筋骨架安装

1. 绑扎钢筋网与钢筋骨架安装

1）钢筋网与钢筋骨架的分段（块），应根据结构配筋特点及起重运输能力而定。一般钢筋网的分块面积以 $6\sim20m^2$ 为宜，钢筋骨架的分段长度宜为 $6\sim12m$。

2）钢筋网与钢筋骨架，为防止在运输和安装过程中发生歪斜变形，应采取临时加固措施，图 3-19 是绑扎钢筋网的临时加固情况。

3）钢筋网与钢筋骨架的吊点，应根据其尺寸、重量及刚度而定。宽度大于 1m 的水平钢筋网宜采用四点起吊；跨度小于 6m 的钢筋骨架宜采用二点起吊 [图 3-20(a)]，跨度大、刚度差的钢筋骨架宜采用横吊梁（铁扁担）四点起吊 [图 3-20(b)]。为了防止吊点处钢筋受力变形，可采取兜底吊或加短钢筋。

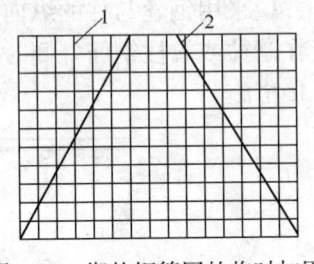

图 3-19　绑扎钢筋网的临时加固
1—钢筋网；2—加固筋

4）绑扎钢筋网与钢筋骨架的交接处做法，与钢筋的现场绑扎同。

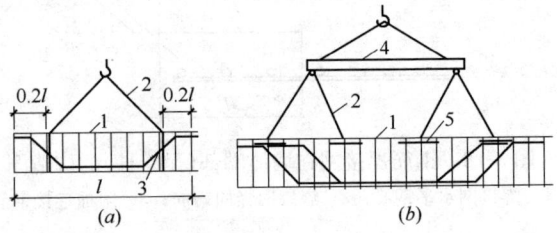

图 3-20　钢筋骨架的绑扎起吊
(a)二点绑扎；(b)采用横吊梁四点绑扎
1—钢筋骨架；2—吊索；3—兜底索；4—横吊梁；5—短钢筋

2. 钢筋焊接网安装

1）钢筋焊接网运输时应捆扎整齐、牢固，每捆重量不应超过 2t，必要时应加刚性支撑或支架。

2）进场的钢筋焊接网宜按施工要求堆放，并应有明显的标志。

3）对两端须插入梁内锚固的焊接网，当网片纵向钢筋较细时，可利用网片的弯曲变形性能，先将焊接网中部向上弯曲，使两端能先后插入梁内，然后铺平网片；当钢筋较粗焊接网不能弯曲时，可将焊接网的一端少焊 1～2 根横向钢筋，先插入该端，然后再插另一端，必要时可采用绑扎方法补回所减少的横向钢筋。

4）钢筋焊接网的搭接、构造应符合有关规定。两张网片搭接时，在搭接区中心及两端应采用钢丝绑扎牢固。在附加钢筋与焊接网连接的每个节点处均应采用钢丝绑扎。

5）钢筋焊接网安装时下部网片应设置与保护层厚度相当的水泥砂浆垫块或塑料卡；板的上部网片应在短向钢筋两端，沿长向钢筋方向每隔 600～900mm 设一钢筋支墩，如图 3-21 所示。

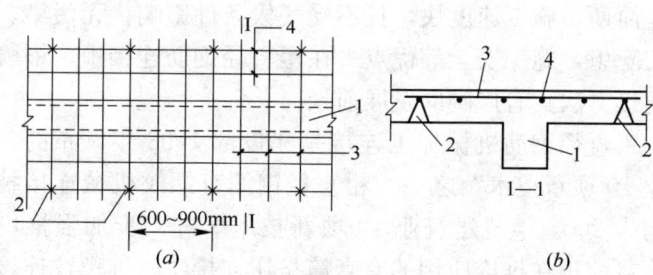

图 3-21　上部钢筋焊接网的支墩
1—梁；2—支墩；3—短向钢筋；4—长向钢筋

四、钢筋的机械连接

钢筋机械连接是指通过连接件的机械咬合作用或钢筋端面的承压作用，将一根钢筋中的力传递至另一根钢筋的连接方法。这类方法是我国近年来发展起来的，它具有接头质量稳定可靠，不受钢筋化学成分的影响，人为因素的影响小；操作简便，施工速度快，且不受气候条件影响；无污染、无火灾隐患，施工安全等优点。在粗直径钢筋连接中，钢筋机械连接方法具有广阔的发展前景。

粗直径钢筋机械加工连接是建设部 1998 年颁布的"建筑业 10 项新技术"之一，粗直径钢筋直螺纹机械连接技术被列为 2005 年"建筑业 10 项新技术"进一步加强推广应用。目前正在推广应用的有套筒挤压连接法、锥螺纹连接法和直螺纹连接法等。

（一）套筒挤压连接法

套筒挤压连接法是将两根待接钢筋插入钢套筒，用挤压连接设备沿径向挤压钢套筒，使之产生塑性变形，依靠变形后的钢套筒与被连接钢筋纵、横肋产生的机械咬合成为整体的钢筋连接方法(图 4-1)。

套筒挤压连接的优点是接头强度高，质量稳定可靠；安全，无明火，不受气候影响；适应性强，可用于垂直、水

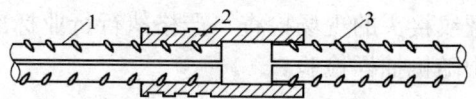

图 4-1　钢筋套筒挤压连接

1—已挤压的钢筋；2—钢套筒；3—未挤压的钢筋

平、倾斜、高空、水下等各方位的钢筋连接。还特别适用于不可焊接钢筋、进口钢筋的连接。近年来推广应用迅速。挤压连接法的主要缺点是设备移动不便，连接速度较慢。

（二）锥螺纹连接法

钢筋锥螺纹套筒连接是将两根待接钢筋端头用套丝机做出锥形外丝，然后用带锥形内丝的套筒将钢筋两端拧紧的钢筋连接方法(图 4-2)。

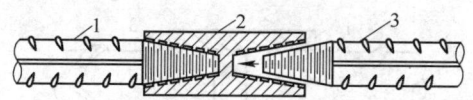

图 4-2　钢筋锥螺纹连接

1—已连接的钢筋；2—锥螺纹套筒；3—待连接的钢筋

锥螺纹连接法所用的设备主要是套丝机，通常安装在现场对钢筋端头进行套丝。套完锥形丝扣的钢筋用塑料帽保护，防止搬运斗堆放过程中受损。套筒一般在工厂内加工。连接钢筋时利用测力扳手拧紧套筒至规定力矩值可完成钢筋的对接。锥螺纹连接现场操作工序简单，速度快，应用范围广，不受气候影响，很受施工单位欢迎。但锥螺纹接头破坏都发生在接头处，现场加工的锥螺纹质量，漏扭或扭紧力矩不准，丝扣松动等对接头强度和变形有很大影响。因此，必须重视锥螺纹接头的现场检查，严格执行行业标准，必须从工程结构中随机抽样检验。

（三）直螺纹连接法

粗直径钢筋直螺纹机械连接技术是最近几年才开发的一种新的螺纹连接方式。它是先将钢筋端头墩粗，再切削成直螺纹，然后用带直螺纹的套筒将钢筋两端拧紧的钢筋连接方法(图4-3)。由于镦粗段钢筋切削后的净截面仍大于钢筋原截面，即螺纹不削弱钢筋截面，从而确保接头强度大于母材强度。直螺纹接头强度高，接头强度不受扭紧力矩影响，连接速度快，应用范围广，经济、便于管理。直螺纹接头比套筒挤压接头节省钢材 70%，比锥螺纹接头节省钢材 35%，发展前景良好。

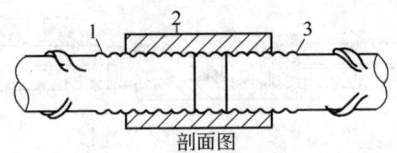

剖面图

图 4-3　钢筋直螺纹连接

1—已连接的钢筋；2—直螺纹套筒；3—正在拧入的钢筋

（1）等强直螺纹接头的制作工艺

等强直螺纹接头制作工艺分下列几个步骤：钢筋端部镦粗；切削直螺纹；用连接套筒对接钢筋。

（2）接头性能

为充分发挥钢筋母材强度，连接套筒的设计强度大于等于钢筋抗拉强度标准值的 1.2 倍，直螺纹接头标准套筒的规格、尺寸见表4-1。

标准型套筒规格、尺寸　　　　　　表 4-1

序号	形　成	使　用　场　合
1	标准型	正常情况下连接钢筋
2	加长型	用于转动钢筋困难的场合，通过转动套筒连接钢筋
3	扩口型	用于钢筋较难对中的场合
4	异径型	用于连接不同直径的钢筋
5	正反丝扣型	用于两端钢筋均不能转动而要求调节轴向长度的场合
6	加锁母型	用于钢筋完全不能转动，通过转动套筒连接钢筋，用锁母锁定套筒

（3）接头类型

根据不同应用场合，接头可分为表 4-2 所示的 7 种类型。

接　头　的　类　型　　　　　表 4-2

钢筋直径（mm）	套筒外径（mm）	套筒长度（mm）	螺纹规格（mm）
20	32	40	M24×2.5
22	34	44	M25×2.5
25	39	50	M29×3.0
28	43	56	M32×3.0
32	49	64	M36×3.0
36	55	72	M40×3.5
40	61	80	M45×3.5

五、钢筋工程施工质量验收标准

为加强建筑工程质量管理,统一混凝土结构工程施工质量验收,保证工程质量,住房与城乡建设部于 2014 年 12 月,对原《混凝土结构工程施工施工质量验收规范》GB 50204—2002 进行修订,形成《混凝土结构工程施工质量验收规范》GB 50204—2015,自 2015 年 9 月 1 日起实施。

下面就与钢筋工程有关的部分摘录如下:

(一) 一般规定

(1) 浇筑混凝土之前,应进行钢筋隐蔽工程验收、隐蔽工程验收应包括下列主要内容:

1) 纵向受力钢筋的牌号、规格、数量、位置;

2) 钢筋的连接方式、接头位置、接头质量、接头面积百分率、搭接长度、锚固方式及锚固长度;

3) 植筋、横向钢筋的牌号、规格、数量、间距、位置,箍筋弯钩的弯折角度及平直段长度;

4) 预埋件的规格、数量和位置。

(2) 钢筋、成型钢筋进场检验,当满足下列条件之一时,其检验批容量可扩大一倍:

1) 获得认证的钢筋、成型钢筋;

2) 同一厂家、同一牌号、同一规格的钢筋,连续三批均一次检验合格；

3）同一厂家、同一类型、同一钢筋来源的成型钢筋，连续三批均一次检验合格。

（二）材　　料

1. 主控项目

（1）钢筋进场时，应按国家现行标准　钢筋混凝土用钢第 1 部分：热轧光圈钢筋》GB 1499.1、《钢筋混凝土用钢第 2 部分：热轧带肋钢筋 1》GB 1499，2、《钢筋混凝土用余热处理钢筋》GB 13014、《钢筋混凝土用钢　第 3 部分：钢筋焊接网》GB/T1499.3、《冷轧带肋钢筋》GB 13788、《离延性冷轧带肋钢筋》YB/T4 2 6 0、《冷轧扭钢筋》JG 190 及《冷轧带肋钢筋混凝土结构技术规程》JGJ 95、《冷轧扭钢筋混凝土构件技术规程》JGJ115、《冷拔低碳钢丝应用技术规程》JGJ 19 抽取试件作屈服强度、抗拉强度、伸长率、弯曲性能和重量偏差检验，化验结果应符合相应标准的规定。

检查数置：按进场批次和产品的抽样检验方案确定。

检验方法：检查质量证明文件和抽样检验报告。

（2）成型钢筋进场时，应抽取试件作屈服强度、抗拉强度、伸长率和重量偏差检验，检验结果应符合国家现行相关标准的规定。

对由热轧钢筋制成的成型钢筋，当有施工单位或监理单位的代表驻厂监督生产过程，并提供原材钢筋力学性能第三方检验报告时，可仅进行重量偏差检验。

检查数量：同一厂家、同一类型、同一钢筋抓的来成型钢筋，不超过 30t 为一批，每批中每种钢筋牌号、规格均应至少抽取 1 个钢筋试件，总数不应少于 3 个。

检验方法：检查质量证明文件和抽样检验报告。

（3）对接一、二、三级抗震等级设计的框架和斜撑构件（含梯段）中的纵向受力普通钢筋应采用 HRB335E、HRB400E、 HRB500E、 HRBF335E、 HRBF400E 或HRBF500E 钢筋，其强度和最大力下总伸长率的实测值应符合下列规定：

1）抗拉强度实测值与屈服强度实测值的比值不应小于 1.25；

2）屈服强度实测值与屈服强度标准值的比值不应大于 1.30；

3）最大力下总伸长率不应小于 9 ％。

检查数量：按进场的批次和产品的抽样检验方案确定。

检验方法：检查抽样检验报告。

2. 一般项目

（1）钢筋应平直、无损伤，表面不得有裂纹、油污、颗粒状或片状老锈。

检查数量：全数检查。

检验方法：观察。

（2）成型钢筋的外观质量和尺寸偏差应符合国家现行相关标准的规定。

检查数量：同一厂家、同一类型的成型钢筋，不超过 30t 为一批，每批随机抽取 3 个成型钢筋试件。

检验方法：观察，尺量。

（3）钢筋机械连接套筒、钢筋锚固板以及预埋件等的外观质量应符合国家现行相关标准的规定。

检查数量：按国家现行相关标准的规定确定。

检验方法：检查产品质量证明文件；观察，尺量。

（三）钢筋加工

1. 主控项目

（1）钢筋弯折的弯弧内直径应符合下列规定：

1）光圆钢筋，不应小于钢筋直径的 2.5 倍；

2）335MPa 级、400MPa 级带肋钢筋，不应小于钢筋直径的 4 倍；

3）500MPa 级带肋钢筋，当直径为 28mm 以下时不应小于钢筋直径的 6 倍，当直径为 28mm 及以上时不应小于钢筋直径的 7 倍；

4）箍筋弯折处尚不应小于纵向受力钢筋的直径。

检查数量：按每工作班同一类型钢筋、同一加工设备抽查不应少于 3 件。

检验方法：尺量。

（2）纵向受力钢筋的弯折后平直段长度应符合设计要求。光圆钢筋末端作 180°弯钩时，弯钩的平直段长度不应小于钢筋直径的 3 倍。

检查数量：按每工作班同一类型钢筋、同一加工设备抽查不应少于 3 件。

检验方法：尺量。

（3）箍筋、拉筋的末端应按设计要求作弯钩，并应符合下列规定：

1）对一般结构构件，箍筋弯钩的弯折角度不应小于 90°，弯折后平直段长度不应小于箍筋直径的 5 倍；对有抗震设防要求或设计有专门要求的结构构件，箍筋弯钩的弯折角度不应小于135°，弯折后平直段长度不应小于箍筋直径的10倍；

2）圆形箍筋的搭接长度不应小于其受拉锚固长度，且两末端弯钩的弯折角度不应小于135°，弯折后平直段长度对一般结构构件不应小于箍筋直径的5倍，对有抗震设防要求的结构构件不应小于箍筋直径的10倍；

3）梁、柱复合箍筋中的单肢箍筋两端弯钩的弯折角度均不应小于135°，弯折后平直段长度应符合本条第1款对箍筋的有关规定。

检查数量：按每工作班同一类型钢筋、同一加工设备抽查不应少于3件。

检验方法：尺量。

（4）盘卷钢筋调直后应进行力学性能和重量偏差检验，其强度应符合国家现行有关标准的规定，其断后伸长率、重量偏差应符合表5-1的规定。力学性能和重量偏差检验应符合下列规定：

1）应对3个试件先进行重量偏差检验，再取其中2个试件进行力学性能检验。

2）重量偏差应按下式计算：

$$\Delta = \frac{W_d - W_o}{W_o} \times 100\% \qquad (5\text{-}1)$$

式中 Δ——重量偏差（%）；

W_d——3个月直钢筋试件的实际重量值（kg）；

W_o——理论重量（kg），取每米理论重量（kg/m）与3个调直钢筋试件长度之和（m）的乘积。

3）检验重量偏差时，试件切口应平滑并与长度方向垂直，其长度不应小于500mm；长度和重量的量测精度分别不应低于 1m 和 1g。

采用无延伸功能的机械设备调直的钢筋，可不进行本条规定的检验。

盘卷钢筋调直后的断后伸长率、重量偏差要求　　表 5-1

钢筋牌号	断后伸长率 A(%)	重量偏差(%)	
		直径 6～12mm	直径 14～16mm
HPB300	≥21	≥−10	—
HRB335、HRBF335	≥16	≥−8	≥−6
HRB400、HRBF400	≥15		
RRB400	≥13		
HRB500、HRBF500	≥14		

注：断后伸长率 A 的量测标距为 5 倍钢筋直径。

检查数量：同一加工设备、同一牌号、同一规格的调直钢筋，重量不大于 30t 为一批，每批见证抽取 3 个试件。

检验方法：检查抽样检验报告。

2. 一般项目

钢筋加工的形状、尺寸应符合设计要求，其偏差应符合表 5-2 的规定。

检查数量：按每工作班同一类型钢筋、同一加工设备抽查不应少于 3 件。

检查方法：尺量。

钢筋加工的允许偏差　　表 5-2

项　目	允许偏差(mm)
受力钢筋沿长度方向的净尺寸	±10
受力钢筋的弯折位置	±20
箍筋外廓尺寸	±5

（四）钢筋连接

1. 主控项目

（1）钢筋的连接方式应符合设计要求。

检查数量：全数检查。

检验方法：观察。

（2）钢筋采用机械连接或焊接连接时，钢筋机械连接接头、焊接接头的力学性能、弯曲性能应符合国家现行相关标准的规定。接头试件应从工程实体中截取。

检查数量：按现行行业标准《钢筋机械连接技术规程》JGJ 107 和《钢筋焊接及验收规程》JGJ 18 的规定确定。

检验方法：检查质量证明文件和抽样检验报告。

（3）螺纹接头应检验拧紧扭矩值，挤压接头应量测压痕直径，检验结果应符合现行行业标准《钢筋机械连接技术规程》JGJ 107 的相关规定。

检查数量：按现行行业标准《钢筋机械连接技术规程》JGJ 107 的规定确定。

检验方法：采用专用扭力扳手或专用量规检查。

2. 一般项目

（1）钢筋接头的位置应符合设计和施工方案要求。有抗震设防要求的结构中，梁端、柱端箍筋加密区范围内不应进行钢筋搭接。接头末端至钢筋弯起点的距离不应小于钢筋直径的 10 倍。

检查数量：全数检查。

检验方法：观察，尺量。

（2）钢筋机械连接接头、焊接接头的外观质量应符合现行行业标准《钢筋机械连接技术规程》JGJ 107 和《钢筋焊接量验收规程》JGJ 18 的规定。

检查数量：按现行行业标准《钢筋机械连接技术规程》JGJ 107 和《钢筋焊接及验收规程》JGJ 18 的规定确定。

检验方法：观察，尺量。

（3）当纵向受力钢筋采用机械连接接头或焊接接头时，同一连接区段内纵向受力钢筋的接头面积百分率应符合设计要求；当设计无具体要求时，应符合下列规定：

1）受拉接头，不宜大于 50%；受压接头，可不受限制；

2）直接承受动力荷载的结构构件中，不宜采用焊接；用机械连接时，不应超过 50%。

检查数量：在同一检验批内，对梁、柱和独立基础，应抽查构件数量的 10%，且不应少于 3 件；对墙和板，应按有代表性的自然间抽查 10% 且不应少于 3 间；对大空间结构、墙可按相邻轴线间高度 5m 左右划分检查面，板可按纵横轴线划分检查面，抽查 10%，且均不应少于 3 面。

检验方法：观察，尺量。

注：1. 接头连接区段是指长度为 $35d$ 且不小于 500mm 的区段，d 为相互连接两根钢筋的直径较小值。

2. 同一连接区段内纵向受力钢筋接头面积百分率为接头中点位于该连接区段内的纵向受力钢筋截面面积与全部纵向受力钢筋截面面积的比值。

（4）当纵向受力钢筋采用绑扎搭接装头时，接头的设置应将符合下列规定：

1）接头的横向净间距不应小于钢筋直径，且不应小于 25mm；

2）同一区段内，纵向受拉钢筋的接头百分率应符合设计要求；当设计无具体要求时，应符合下列规定：

梁类、板类和墙类构件，不宜超过 25%，不宜超过 50%。

柱类构件，不宜超过 50%。

当工程中确有必要增大接头面积百分率时，对梁类构建不应大于 50%。

检查数量：在同一检验批内，对梁、柱和独立基础，应抽查构件数量的 10%，且不应少于 3 件；对墙和板，应按有代表性的自然间抽查 10% 且不应少于 3 间；对大空间结构、墙可按相邻轴线间高度 5m 左右划分检查面，板可按纵横轴线划分检查面，抽查 10%，且均不应少于 3 面。

检验方法：观察，尺量。

注：1. 接头连接区段是指长度为 1.3 倍搭接长度的区段，搭接长度取相互连接两根钢筋中较小直径计算。

2. 同一连接区段内纵向受力钢筋接头面积百分率为接头中点位于该连接区段内的纵向受力钢筋截面面积与全部纵向受力钢筋截面面积的比值。

（5）梁柱类构件的纵向受力钢筋搭接长度范围内箍筋的设置应符合设计要求；当设计无具体要求时，应符合下列规定：

1）箍筋直径不应小于搭接钢筋较大直径的 1/4；

2）受拉搭接区段的箍筋间距不应大于搭接钢筋较小直径的 5 倍，且不应大于 100mm；

3）受压搭接区段的箍筋间距不应大于搭接钢筋较小直径的 10 倍，且不应大于 200mm；

4）当柱中纵向受力钢筋直径大于 25mm 时，应在搭接接头两端面外 100mm 范围内各设置两道箍筋，其间距宜为 50mm。

检查数量：在同一检验批内，应抽查构件数量的 10%，且不应少于 3 件。

检验方法：观察，尺量。

（五）钢筋安装

1. 主控项目

（1）钢筋安装时，受力钢筋的牌号、规格和数量必须符合设计要求。

检查数量：全数检查。

检验方法：观察，尺量。

（2）受力钢筋的安装位置、锚固方式应符合设计要求。

检查数量：全数检查。

检验方法：观察，尺量。

2. 一般项目

钢筋安装偏差及检验方法应符合表 5-3 的规定。梁板类构件上部受力钢筋保护层厚度的合格点率应达到 90% 及以上，且不得有超过表中数值 1.5 倍的尺寸偏差。

检查数量：在同一检验批内，对梁、柱和独立基础，应抽查构件数量的 10%，且不应少于 3 件；对墙和板，应按有代表性的自然间抽查 10%，且不应少于 3 间；对大空间结构、墙可按相邻轴线间高度 5m 左右划分检查面，板可按纵、横轴线划分检查面，抽查 10%，且均不应少于 3 面。

钢筋安装允许偏差和检验方法　　表 5-3

项 目		允许偏差（mm）	检验方法
绑扎钢筋网	长、宽	±10	尺量
	网眼尺寸	±20	尺量连续三挡，取最大偏差值
绑扎钢筋骨架	长	±10	尺量
	宽、高	±5	尺量
纵向受力钢筋	锚固长度	−20	尺量
	间距	±10	尺量连续两挡，中间各一点，取最大偏差值
	排距	±5	
纵向受力钢筋、箍筋的混凝土保护层厚度	基础	±10	尺量
	柱、梁	±5	尺量
	板、墙、壳	±3	尺量
绑扎箍筋、横向钢筋间距		±20	尺量连续三挡，取最大偏差值
钢筋弯起点位置		20	尺量，沿纵、横两个方向量测，并取其中偏差的较大值
预埋件	中心线位置	5	尺量
	水平高差	+3，0	塞尺量测

六、钢筋工程安全操作知识

（一）安全生产基本知识

1. 安全生产方针

安全生产长期以来一直是我国的基本国策，是保护劳动者安全健康和发展生产力的重要工作，必须贯彻执行；同时也是维护社会安定团结，促进国民经济稳定、持续、健康发展的基本条件，是社会文明程度的重要标志。

为了加强安全生产监督管理，防止和减少生产安全事故，保障人民生命财产安全，促进经济发展，2002 年第九届全国人大常委会第 28 次会议通过了《中华人民共和国安全生产法》。强调安全生产管理，要坚持安全第一、预防为主、综合治理的方针。

2. 安全生产六大纪律

1）进入现场应戴好安全帽，系好帽带，并正确使用个人劳动防护用品。

2）2m 以上的高处、悬空作业、无安全设施的，必须系好安全带、扣好保险钩。

3）高处作业时，不准往下或向上乱抛材料和工具等物件。

4）各种电动机械设备应有可靠有效的安全接地和防雷

装置，才可启动使用。

5）不懂电气和机械的人员，严禁使用和摆弄机电设备。

6）吊装区域非操作人员严禁入内，吊装机械性能应完好，把杆垂直下方不准站人。

（二）钢筋工程安全操作规程

1. 钢筋工程安全技术交底

1）进入现场应遵守安全生产六大纪律。

2）钢筋断料、配料、弯料等工作应在地面进行，不准在高空操作。

3）搬运钢筋要注意附近有无障碍物、架空电线和其他临时电气设备，防止钢筋在回转时碰撞电线或发生触电事故。

4）现场绑扎悬空大梁钢筋时，不得站在模板上操作，应在脚手板上操作；绑扎独立柱头钢筋时，不准站在钢箍上绑扎，也不准将木料、管子、钢模板穿在钢箍内作为立人板。

5）起吊钢筋骨架，下方禁止站人，待骨架降至距模板1m 以下后才准靠近，就位支撑好，方可摘钩。

6）起吊钢筋时，规格应统一，不得长短参差不一，不准一点吊。

7）切割机使用前，应检查机械运转是否正常，是否漏电；电源线须连接漏电开关，切割机后方不准堆放易燃物品。

8）钢筋头子应及时清理，成品堆放要整齐，工作台要稳，钢筋工作棚照明灯应加网罩。

9）高处作业时，不得将钢筋集中堆在模板和脚手板上，也不要把工具、钢箍、短钢筋随意放在脚手板上，以免滑下伤人。

10）在雷雨时应暂停露天操作，防雷击钢筋伤人。

11）钢筋骨架不论其固定与否，不得在上行走，禁止从柱子上的钢箍上下。

12）钢筋冷拉时，冷拉线两端必须装置防护设施。冷拉时严禁在冷拉线两端站人或跨越、触动正在冷拉的钢筋。

13）钢筋焊接方面应注意下面几个方面：

焊机应接地，以保证操作人员安全；对于接焊导线及焊错接导线处，都应有可靠地绝缘。

大量焊接时，焊接变压器不得超负荷，变压器升温不得超过 60℃，为此，要特别注意遵守焊机暂载率规定，以避免过分发热而损坏。

室内电弧焊时，应有排气通风装置。焊工操作地点相互之间应设挡板，以防弧光刺伤眼睛。

焊工应穿戴防护用具，电弧焊焊工要戴防护面罩，焊工应站立在干木垫或其他绝缘垫上。

焊接过程中，如焊机发生不正常响声，变压器绝缘电阻过小导线破裂、漏电等，均应立即进行检修。

2. 钢筋制作安装安全要求

1）钢筋加工机械应保证安全装置齐全有效。

2）钢筋加工场地应由专人看管，各种加工机械在作业人员下班后拉闸断电，非钢筋加工制作人员不得擅自进入钢筋加工场地。

3）冷拉钢筋时，卷扬机前应设置防护挡板，或将卷扬机与冷拉方向成 90°，且应用封闭式的导向滑轮，冷拉场地禁止人员通行或停留，以防被伤。

4）起吊钢筋骨架时，下方禁止站人，待骨架降落至距安装标高 1m 以内方准靠近，就位支撑好后，方可摘钩。

5）在高空、深坑绑扎钢筋和安装骨架应搭设脚手架和马道。绑扎 3m 以上的柱钢筋应搭设操作平台，已绑扎的柱骨架应采用临时支撑拉牢，以防倾倒。绑扎圈梁、挑檐、外墙、边柱钢筋时，应搭设外脚手架或悬挑架，并按规定挂好安全网。

3. 钢筋施工机械安全防护

（1）钢筋机械

安装平稳固定，场地条件满足安全操作要求，切断机有上料架。

切断机应在机械运转正常后方可送料切断。

弯曲钢筋时扶料人员应站在弯曲方向反侧。

（2）电焊机

电焊机摆放应平稳，不得靠近边坡或被土埋。

电焊机一次侧首端必须使用漏电保护开关控制，一次电源线不得超过 5m，焊机机壳做可靠接零保护。

电焊机一、二次侧接线应使用铜材质鼻夹压紧，接线点有防护罩。

焊机二次侧必须安装同长度焊把线和回路零线，长度不宜超过 30m。

严禁利用建筑物钢筋或管道作焊机二次回路零线。

焊钳必须完好绝缘。

电焊机二次侧应装防触电装置。

（3）气焊用氧气瓶、乙炔瓶

气瓶储量应按有关规定加以限制，储存需有专用储存室，由专人管理。

吊运气瓶到高处作业时应专门制作笼具。

现场使用的压缩气瓶严禁曝晒或油渍污染。

气焊操作人员应保证瓶、火源之间距离在 10m 以上。

应为气焊人员提供乙炔瓶防止回火装置，防振胶圈应完整无缺。

应为冬期气焊作业提供预防气带子受冻设施，受冻气带子严禁用火烤。

（4）机械加工设备

机械加工设备传动部位的安全防护罩、盖、板应齐全有效。

机械加工设备的卡具应安装牢固。

机械加工设备操作人员的劳动防护用品按规定配备齐全，合理使用。

机械加工设备不许超规定范围使用。

主要参考文献

[1] 建筑施工手册(第四版)编写组. 建筑施工手册. (第四版). 北京：中国建筑工业出版社，2003.

[2] 高琼英主编. 建筑材料(第二版). 武汉：武汉理工大学出版社，2002.

[3] 中国建筑业协会、清华大学、中国建筑工程总公司合编. 房屋建筑工程施工. 北京：中国建筑工业出版社，2004.

[4] 任继良，张福成，田林主编. 建筑施工技术(第三版). 北京：清华大学出版社，2002.

[5] 廖代广主编. 建筑施工技术(第二版). 武汉：武汉理工大学出版社，2001.

[6] 中国建筑工程总公司主编. 混凝土结构工程施工工艺标准. 北京：中国建筑工业出版社，2003.

[7] 建设部人事教育司组织编写. 钢筋工. 北京：中国建筑工业出版社，2003.

[8] 劳动和社会保障部组织编写. 钢筋工. 北京：中国城市出版社，2003.